작은 새와 곤충을 부르는 자연친화적인 정원 만들기

내 손으로 만드는 비오톱 가든

나비와 잠자리가 춤추고 개구리와 귀뚜라미가 노래하는 자연과 가까운 정원…….

그것이 사람과 자연이 공생하는 비오톱 가든입니다.

베란다에 작은 녹지와 물 마실 장소를 만들고

물확에 수초를 띄우는 작은 배려만으로도 창가는 생명의 요람으로 바뀔 것입니다.

이 책은 정원과 베란다를 멋진 비오톱 가든으로 바꿀 수 있는

아주 손쉬운 방법을 소개하고 있습니다.

자, 이제 시작합니다.

나만의 비오톱 가든을 만나는 순서

비오톱 가든에서 즐기는 식물

91 손을 대지 않고 깔끔하게 유지하는 비오톱 가든의 관리

97 비오톱 가든을 더 깊이 연구해보자

칼럼

자연 생물과 친해지는 정원
비오톱 가든이 뭐지?

비오톱 가든이란 야생의 생물들이 모이는 정원을 말합니다.
작은 정원의 한 귀퉁이나 베란다에서도 가능한 **새로운 정원 만들기**의 개념입니다.
베란다 구석에 놓인 물확에 심은 수련이나 열매가 달리는 정원의 나무 한 그루,
꿀을 만드는 초화류 등 작은 부분으로부터 시작할 수 있는 **친환경적인 정원** 조성을 말합니다.

비오톱이란?

이제는 '반딧불이를 보호하는 공원의 실개천, 학교에 만들어진 갈대나 억새가 심겨진 습지, 송사리가 살고 있는 연못'과 같은 비오톱을 어렵지 않게 볼 수 있게 되었습니다. 최근 자연보호 활동의 하나로써 개발로 인해 파괴된 야생생물들의 서식지를 복원하려는 '생활공간 주변의 자연복원=비오톱 만들기'가 활성화되고 있기 때문입니다.

제 역할을 하는 비오톱에는 많은 야생생물들이 살고 있습니다. 나비나 잠자리, 꿀벌이 날아다니고 작은 새가 모여들며, 개구리나 곤충들이 노래합니다. 물속에는 물고기가 헤엄치고 수생곤충들이 번식하고 있습니다. 눈에 보이지 않는 작은 생물들도 셀 수 없을 정도로 많이 살고 있습니다. 우리 주변에서도 자연이 제대로 보존되어 있는 곳에는, 밤이 되면 너구리나 산토끼가 놀러 올지 모릅니다.

비오톱(Biotope, Biotop)은 독일에서 만들어진 용어입니다. 비오(Bio)는 생명, 톱(tope, top)은 장소를 나타내는 그리스어로서 이 두 가지를 조합하여 만들어진 말이 바로 비오톱입니다. '야생의 생물이 숨을 수 있는 곳', '서식 공간'이라는 뜻이지요. 최근에는 생물들이 모여 살 수 있는 서식장소를 확보하기 위해 의도적으로 조성한 공원과 녹지도 비오톱으로 부르는 일이 많아졌습니다.

또한 비오톱이라고 하면, 연못이나 수변의 이미지가 강해 보이지만, 반드시 물이 필요한 것은 아닙니다. 숲이나 초원 또는 크고 작은 돌들이 뒹굴고 있는 황무지와 같은 장소도 그곳에 사는 생물들에게는 중요한 '생활공간=비오톱'이 됩니다. 다만 물이 있는 환경에서는 보다 많은 생물들이 살 수 있기 때문에 비오톱을 만들 때에는 수변을 집어넣는 일이 많은 셈이지요.

비오톱과 비오톱 가든은 어떻게 다른가?

비오톱은 야생생물이 숨을 수 있는 곳이기 때문에 사람에게는 쾌적한 장소가 아닙니다. 또한 엄밀하게 말하면 야생생물들을 위한 서식장소와 먹을 수 있는 곳, 숨을 수 있는 집, 번식지 등 모든 기능을 갖춰야 하기 때문에 당연히 어느 정도 이상의 면적이 필요하게 됩니다. 아무래도 개인 정원에 도입할 수 있는 규모는 아니지요.

그렇지만 비오톱 가든은 누구나 간단히 시작할 수 있는 정원 만들기의 컨셉입니다. 그리고 그것은 작지만 의미 있는 자연보호이기도 합니다. 야생생물을 위한 비오톱과 인간이 접근할 수 있는 정원(이 두 가지 기능을 동시에 만족시킬 수 있는 곳) 그곳이 비오톱 가든입니다. 달리 말하면 정원에 비오톱의 기능 일부를 집어넣은 개념이 비오톱 가든입니다. 여러분의 정원과 베란다에 야생생물들을 위해 약간의 아이디어와 배려를 더해봅시다. 예를 들어 작은 녹지와 꿀이 많이 생기는 초화류를 심고, 물을 마실 수 있는 장소나 먹이대를 두면 단지 그것만으로도 도시에 살고 있는 야생생물들에게는 귀중한 오아시스가 됩니다. 그곳은 훌륭한 비오톱 가든인 것입니다. 분명히 많은 생물들이 찾아올 것입니다.

자유롭게 자기 마음대로, 그것이 비오톱 가든

비오톱 가든을 시작할 때 특별히 어려운 규칙이나 제약은 없습니다. "나는 나비가 좋다. 아이에게 보여줄 수 있다면 나방이 있어도 좋다. 반드시 우리 집에 새들을 불러들이고 싶다. 잠자리가 있는 정원이 좋을 것 같다" 등 자기가 원하고 바라는 것을 먼저 생각해보고, 자기의 주어진 사정에 맞게 비오톱 가든을 만들면 되는 것입니다. 한 사람 한 사람이 각기 다른 개성적인 비오톱 가든을 만들게 되면 도시 전체 차원에서는 많은 비오톱 기능을 가질 수 있습니다.

자기 마음대로라고 하지만 야생생물을 효율적으로 불러들이고 효과적으로 이용하기 위해서는 그 나름대로 지식과 테크닉이 필요한 것도 사실입니다. 이 책에서는 나비를 불러들이려면 어떻게 해야 하는지, 싫어하는 생물을 피할 수 있는 방법은 무엇이며, 아름다운 정원을 겸비할 수 있는 노하우 등 비오톱 가든을 만들고 유지하기 위해 알아두어야 할 유용한 지식과 방법을 최대한 구체적으로 알기 쉽게 설명하고 있습니다.

유형별 비오톱 가든

지금부터라도 정원을 조금씩 개조해가는 것이 비오톱 가든을 만드는 실제적인 방법입니다. 조금씩 조금씩 비오톱 기능을 추가해 갑시다. 우선은 꿀이 많은 초화류를 심고 새들이 물 마시는 조그만 장소를 만들면 그것만으로도 이미 훌륭한 비오톱 가든이 됩니다. 작은 새들이 놀러올 수 있게 되면 새가 먹은 열매가 새똥 속에 들어 있다가 싹을 틔우고 다시 열매 달리는 나무로 성장할 수도 있습니다. 관심을 두고 소중히 키우면 창가의 자연이 보다 풍요로워집니다. 정원의 관리도 적당히 하여 미미한 자연의 힘을 즐길 수 있게 되면, 새집이나 먹이대, 잠자리를 위한 물확을 두어 봅시다.

또한 지금 정원은 어떤 유형의 정원인지, 최종적으로는 어떤 정원으로 꾸미고 싶은지에 따라 심는 식물도 바뀝니다. 비오톱 가든에서도 여러 가지 스타일을 시도해 볼 수 있습니다. 이 책에서는 암석정원, 베란다, 옥상, 키친가든, 동양식, 영국식, 그늘이 있는 비오톱 가든 등 7가지 유형을 제안하고 각각의 특징과 만드는 방법을 설명하고 있습니다.

수변의 비오톱 가든
도시의 정원에 있는 작은 수변, 그것은 사람에게 평안함을 주는 공간이 될 것입니다.
하지만 그 의미 이상으로 도시에서 살고 있는 친근한 생물들에게 생명을 이어주는 오아시스가 될 수 있습니다.

베란다와 옥상의 비오톱 가든
단지 한 그루의 초화류나 과실수 화분을 두는 것으로도 나비나 새를 불러들일 수 있습니다. 하지만 생물들이 좋아하는 몇 종류 이상을 심게 되면 보기에도 아름답고 더욱 다채로운 생물들이 모여들 수 있습니다.

일본풍의 정원
일본에서 자라는 식물을 중심으로 하는 일본 스타일의 정원은 그 나름대로 이미 비오톱입니다. 우리들이 평소 많이 보아왔던 잡초를 심어 무성하게 하면 심미적인 비오톱 가든으로 바뀔 수 있습니다. 보다 깊은 생태적 다양성과 안정을 동시에 가져올 수 있습니다.

암석정원풍의 비오톱 가든
작은 돌들이 놓여있는 다소 건조한 곳에서 사는 생물들도 많이 있습니다. 그들에게 암석정원은 소중한 공간입니다. 이러한 예로 건물의 옥상에 돌을 두어 새를 불러들인 경우도 있습니다. 암석정원에 관심을 갖고 그 생태에 대해 한번 몰입해보는 것도 즐거움이 될 수 있지 않을까요.

7

어떤 생물을 불러들일까?

여러분의 정원에 어떠한 생물을 초대하고 싶은지에 따라 어떤 정원으로 만들 것인가도 바뀌게 됩니다. 새들을 불러들이고 싶다면 열매가 달린 나무나 물을 마실 수 있는 장소, 나비라면 꿀이 많은 꽃이나 유충이 먹을 수 있는 잎, 잠자리인 경우 밝고 트인 장소와 물확, 메뚜기라면 억새와 같은 풀이 어울리는 곳이 있어야 합니다. 그 각각의 생물들에 관한 것을 조사하여 좋아하는 환경을 만들어 주세요. 당장 모습을 나타내지 않을지도 모르지만 잊고 지내는 사이에 불쑥 그 생물들이 정원 한 구석에 찾아와 있을 수도 있답니다.

이 책에서는 자신이 초대하고 싶은 생물에 따라 어떤 식물을 심어야할지 어떠한 환경을 갖추면 좋은지를 소개하고 있습니다. 그것을 참고로 스스로 여러 가지를 연구해보세요. 하지만 생물들은 일부러 집을 만들어 주어도 이용하지 않고, 오히려 정원 한 구석에 쌓아둔 화분 속에 알을 낳기도 합니다. "무엇이 필요하고 무엇이 필요하지 않은지"는 생물들이 결정하게 됩니다. 의외의 것이나 의외의 장소를 이용하고 있는 생물들을 찾아내는 것, 그것은 여러분만의 발견이 됩니다. 열린 마음으로 비오톱 가든을 즐겨봅시다.

작은 새를 초대한다
동백나무의 꽃을 빨고 있는 동박새. 먹이대 같은 것이 없어도 겨울 꽃이나 정원에 떨어진 잎, 풀베기 한 후의 잡초 이삭, 수확하고 남은 과실 따위만으로도 새들과 친해질 수 있습니다. 물론 새를 위한 물놀이장까지 갖춰져 있다면 더 이상 바랄 나위가 없겠지요.

나비를 부른다
꽃이 피어있으면 나비가 찾아올 것이라 생각하시나요? 의외로 야생식물 중 꽃으로 나비를 불러들일 수 있는 것은 10% 정도뿐이랍니다. 종류를 골라서 심어 봅시다. 사진은 붉은꽃다정큼나무에 찾아온 청띠제비나비입니다. 이름이 어려운가요? 자꾸 소리내어 불러주고, 이름의 유래를 찾아보다 보면 금세 친숙해진답니다.

곤충을 불러들인다
꽃가루를 먹으러 찾아온 꽃무지, 그 외에 하늘소, 풍뎅이, 경우에 따라서는 장수풍뎅이 등도 정원에 약간의 아이디어를 보태주기만 하면 찾아올 수 있는 곤충들입니다.

만들어 보자!

여러 가지 종류의 비오톱 가든

Biotope Garden

수변의 비오톱 가든
Waterside Garden

베란다나 옥상에서도 즐길 수 있는 수변의 비오톱 가든. 물론 넓은 정원이라면 그 즐거움은 더 커질 것입니다. 수변 환경은 수중에서부터 건조한 물가에 이르기까지 다양한 수분조건으로 복잡하게 이루어지기 때문입니다. 완만한 수변은 여러 가지 생물들에게 숨을 곳을 제공해 줍니다. 수변식물을 한 가지만 식재한 패턴으로 끝내지 말고, 나무 그늘을 만든다든지 암석정원 형식으로 작은 돌들이 튀어나오도록 물가를 꾸며 봅시다. 작은 환경이기 때문에 아이디어를 내보면 그곳을 이용할 수 있는 생물도 그만큼 종류가 늘어날 것입니다. 수변과 수면의 식물은 몇 년 간격으로 웃자란 만큼 잘라 줍니다. 식물이 일방적으로 수면을 뒤덮어 버리면 잠자리도 산란을 하기 어려워지고, 모처럼 찾아온 소금쟁이나 길앞잡이들이 풀밭과 혼동해서 지나쳐 버릴 수도 있으니까요. 하늘에서 볼 수 있는 반짝이는 수면이 여러분의 정원 위를 날아다니는 생물들을 유혹할 수 있다는 사실을 잊지 마세요.

때까치의 낭랑한 노래소리, 졸고 있는 실개천
흘러내리는 물과 수로로부터 흘러오는 물을 활용할 수 있다면 소규모의 물 흐름을 꼭 만들어 보세요. 모르는 사이에 근처의 강으로부터 작은 물고기들이 찾아오거나 흐르는 곳에서만 번식하는 물잠자리와 같은 곤충이 찾아올지도 모릅니다.

된장잠자리는 가장 불러들이기 쉬운 잠자리일 것입니다. 초여름 남쪽으로부터 날아와 논이나 학교 연못 같은 곳에서 번식하며 북쪽을 향해 분포를 넓히고 있습니다. 하지만 월동은 불가능합니다.

1~2평 정도의 작은 연못이라도 금붕어를 노리는 해오라기가 찾아오는 것은 희귀한 일이 아닙니다. 도시의 수변은 그들에게 있어서 귀중한 사냥 장소입니다. 날개를 수면에 떨어뜨리고 물고기가 먹이로 착각하여 가까이 올 때까지 조용히 기다리고 있답니다.

연못에 비치는 구름, 조용한 봄날의 오후
작은 연못이라고 해도 항상 맑은 물을 공급해주면 어느 사이엔가 생물들이 찾아와 생명의 드라마를 보여주기 시작합니다. 정원에서 시작되는 그 많은 이야기를 여러분은 얼마나 알고 있나요?

하마나호(浜名:湖) 꽃벼란회장에 만들어진 작은 비오톱 가든의 모습입니다. 부드러운 나선형의 사면이 수중과 뭍의 서로 다른 환경을 이어주는 에코톤(전이대) 기능을 하며 여러 가지 수분 조건을 만들어내고 있습니다.

물 흐름도 좋고 산들바람에 흔들리는 꽃들이 있어 더욱 기분 좋다
작은 개울에 만들어진 비오톱 가든. 부드러운 실개천과 우측의 논(지수역)은 들새나 곤충들이 쉴 수
있는 장소입니다. 작지만 흘러가는 물을 만들 수 있다면 보다 다양한 환경조성이 가능해 집니다.

논에서 살며 "잡초 먹는 갑
각류"로 불리는 투구새우는
삼엽충과 가깝다고 하는 살
아있는 화석입니다. 유럽, 아
시아, 미국 투구새우 등 3종
이 있습니다. 논에서 발견했
다면 비오톱 가든에 놓아 주
면 좋을 것입니다.

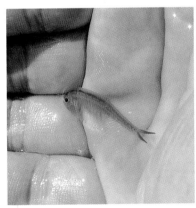

에도시대에는 풍년어(豊年魚)로 불렀으며, 금붕어 가
게에서 팔아온 풍년새우도 살아있는 화석의 하나입
니다. 준 멸종위기로 지정한 지역도 있어서 채집 후
에는 놓아주어야 합니다.

비오톱 가든에서 즐기는 식물 수변편

아이리스_노랑꽃창포

재래종 붓꽃이나 제비붓꽃, 꽃창포 등이 점차 사라지는 도시 환경에서는 귀화식물인 아이리스를 이러한 수변식물 대신 이용할 수 있습니다. 그러나 종자가 달리기 전에 꽃대를 잘라줌으로써 야생화가 되지 않도록 관리하여야 합니다.

고마리

흰 꽃과 붉은 꽃, 줄기 전체가 분홍빛인 종류 등 다양합니다. 가까운 논이나 용수로에 흔히 살며 작은 가지를 조금 잘라 정원에 삽목하면 매년 보고 즐길 수 있습니다. 줄기가 무성하게 될 때쯤 가끔 잘라주면 카펫과 같은 아름다운 수변을 간단하게 유지할 수 있습니다.

미나리

분홍빛 잎 둘레가 귀여워 보이는 원예용의 줄무늬 미나리이며, 물론 먹을 수도 있습니다. 야생 미나리를 보기 힘든 지역에서는 신지가 불분명한 것을 심지 말아야 합니다. 혹시 심계 되는 경우 정원 밖으로 퍼지지 않도록 확실히 원예종임을 알 수 있는 줄무늬 품종을 이용해 주세요.

물수세미

물위에 아름다운 잎을 늘어뜨리는 식물로서 한 마디에 3~7매의 잎을 달고 있습니다. 가까운 연못 등에서 발견하면 없애기를 겸해서 가져옵시다.

터리풀 *Filipendula* 속

내륙의 도시 주변지역 주택이나 전원주택, 가까운 계곡부에서 이 아름다운 꽃을 발견할 수 있을지 모릅니다. 꽃이 지면 줄기 몇 개로부터 종자를 채취하여 수변의 습한 곳에 뿌려두면 아름다운 수변 풍경을 연출할 수 있습니다. 물봉선이나 동자꽃 등도 권장합니다.

갈풀 *Phalaris* 속

흰색 혹은 옅은 보라색 무늬가 있어 잎 모양이 시원해 보이는 품종입니다. 이와 비슷한 흰줄갈풀은 쇠치기풀의 반입(斑入) 품종입니다. 어떤 종이라도 갈대처럼 크게 자라지 않기 때문에 안정된 수변에 잘 맞습니다. 물론 근처 야생의 물억새가 많이 있을 경우 그것을 사용합시다.

수련

햇볕이 좋은 장소가 확보될 수 있으면 권할만 합니다. 5월에서 10월까지 꽃피는 기간이 길어서 좋습니다. 진흙을 좋아하기 때문에 포트 그대로 물확과 연못에 잠기도록 하면 물이 탁해지지 않습니다. 위로 솟은 귀여운 잎에 혹시 실잠자리 종류가 알을 낳으러 올지 모릅니다.

물칸나

물 위로 훌쩍 자라는 모습은 넓직한 수변을 연출하는 데 효과적입니다만, 3미터 가까이 긴 줄기로 자랄 수도 있기 때문에 작은 수변에서는 심지 않는 것이 무난합니다. 내한성이 있어서 난지에서는 상록으로 월동도 가능합니다.

방동사니

따뜻한 곳에 심으면 노지에서도 월동할 수 있습니다. 별 모양의 꽃은 초여름의 수변을 시원하게 연출해줄 수 있으며, 열매가 달리기 때문에 연못에서 재배할 때에는 배수구의 망을 촘촘하게 하여 야생화하지 않도록 주의할 필요가 있습니다.

연꽃

동양풍의 모습을 연출하고 싶은 경우에 권할만 합니다. 30~80cm로 자라며 약간 크기 때문에 깊은 물확에 심어 좁은 연못에서 키우는 것이 좋을 것입니다. 포트 그대로 물확에 심고 가라앉히면 물이 탁해지지 않기 때문에 식재 후 관리도 좋습니다.

물옥잠

반 내한성이기 때문에 따뜻한 지역에서는 권할만 합니다. 잎의 길이는 1m 정도로 자라기 때문에 물확 보다는 작은 연못에서 키우는 것이 더 좋습니다. 부레옥잠과 비슷하지만 부유성이며 또는 흙에서 자랄 수도 있습니다. 청자색 꽃이 6~11월까지 계속 핍니다.

물망초

수변에 자랄 수 있는 다년생의 물망초로 초여름에 꽃이 핍니다. 꽃에 얽힌 유명한 전설이 있으며 화단용의 물망초와는 다른 것입니다. 추위에 강하고 추운 지방에서는 정원 밖으로 퍼져 야생화되지 않도록 주의할 필요가 있습니다.

수변의 비오톱 가든 특징과 만드는 방법

정원에 작은 연못을 만들거나 물확을 놓아두면 간단하게 수변 비오톱 가든을 즐길 수 있습니다. 사용하는 식물은 많은 종류가 있지만, 심는 장소의 수분 조건에 맞는 것을 고르는 것이 중요합니다. 야생종으로서는 깊은 곳으로부터 순서대로 수련, 부들, 갈대, 미나리, 갈풀, 물억새, 물꽈리아재비, 석창포, 콩제비꽃, 노루오줌을 심습니다. 원예종으로 대신하는 경우 수련, 물칸나, 물옥잠, 암페라, 크레송, 갈풀, 물꽈리아재비, 낚시제비꽃, 노루오줌 등이 있습니다. 애완용 송사리나 백운산 등 관상용 어류를 방류하는 것도 권장합니다. 모기 유충인 장구벌레를 잡아먹고 수변을 깨끗하게 유지해줍니다. 하지만 산지가 불분명한 야생 송사리 등의 방류는 하지 말아야 합니다.

정원의 연못이 주변의 수로나 개울과 연결되어 있으면 일부러 물고기를 가져올 필요가 없습니다. 그들은 흐름을 따라서 스스로 찾아올 것입니다.

인공식물섬을 만든다

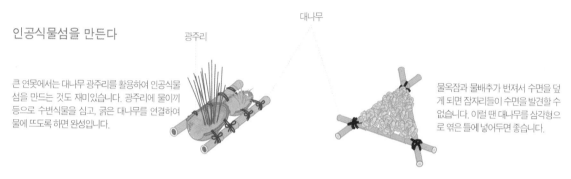

대나무

광주리

큰 연못에서는 대나무 광주리를 활용하여 인공식물섬을 만드는 것도 재미있습니다. 광주리에 물이끼 등으로 수변식물을 심고, 굵은 대나무를 연결하여 물에 뜨도록 하면 완성입니다.

물옥잠과 물배추가 번져서 수면을 덮게 되면 잠자리들이 수면을 발견할 수 없습니다. 이럴 땐 대나무를 심각형으로 엮은 틀에 넣어두면 좋습니다.

수변식물은 수분 조건에 맞춰 사용한다

수면에서 바로 잎이나 뿌리가 나오는 수련, 부들, 물칸나와 같은 식물에는 물속뿌리에 알을 낳는 노란허리잠자리나 왕잠자리, 실잠자리 종류가 찾아오게 됩니다. 유충의 우화에도 도움이 됩니다. 수변에 뻗쳐있는 나무껍질에 산란하는 큰청실잠자리를 위해서는 은백양이나 갯버들과 같은 나무를 심어두면 좋습니다.

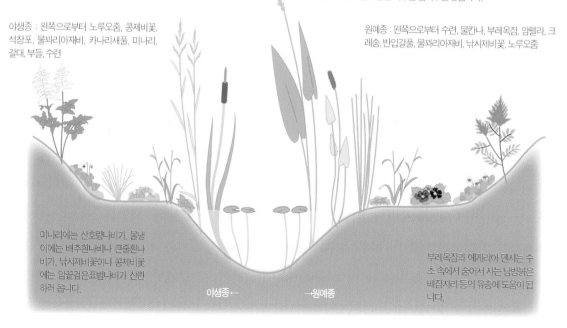

야생종 : 왼쪽으로부터 노루오줌, 콩제비꽃, 석창포, 물꽈리아재비, 카나리새풀, 미나리, 갈대, 부들, 수련

원예종 : 왼쪽으로부터 수련, 물칸나, 부레옥잠, 암펠라, 크레송, 반입갈풀, 물꽈리아재비, 낚시제비꽃, 노루오줌

미나리에는 산호랑나비가, 물냉이에는 배추흰나비나 큰줄흰나비가, 낚시제비꽃이나 콩제비꽃에는 암끝검은표범나비가 산란하러 옵니다.

부레옥잠과 에게리아 덴시는 수초 속에서 숨어서 사는 남방붉은배잠자리 등의 유충에 도움이 됩니다.

야생종← →원예종

16

야생 송사리는 사용하지 않는다

주위의 수계와 연결되는 연못과 계류라면 수계가 고립되어 있는 연못이나 물확과는 생물을 다루는 법이 완전히 달라야 합니다. 만약 수계로부터 고립되어 있는 물확이라면, 관상용 송사리를 도입하든가 근처에 야생화 되어있는 투구새우나 미국가제와 같은 귀화 생물을 잡아 두어도 됩니다. 어린이들이 그 생물들을 관찰하면서 귀중한 체험을 할 수 있을 것입니다. 물론 지나치게 불어나지 않도록 주의할 필요가 있고, 지나치게 많이 번식한 귀화생물은 반드시 처분하고 방류하지 않도록 해야 합니다. 그리고 이런 경험은 어린이들에게 자연의 균형을 지키는 일의 중요성을 이해하는 계기를 줄 수도 있습니다. 주변의 자연을 지키기 위해서는 TPO[1]가 필요하다는 사실을 자연스럽게 배우게 되는 것이지요.

송사리가 멸종 위기종으로 지정[2]되고 오히려 고가로 거래되고 있지만, 산지 불명의 야생 송사리를 사와서 놓아두는 것은 권장할 수 없습니다. 일본의 송사리는 크게 나누어서 10개의 그룹 정도로 분류가 가능합니다. 그런데, 예를 들어 일본해 쪽의 송사리를 태평양쪽에 방류하면 태평양쪽의 송사리와 생긴 자손은 불임이 되고 맙니다. 더불어서 유전자 오염이 만연될 위험도 큽니다. 그렇다고 해서 그 지방에서 살아가는 야생 송사리를 일일이 잡아서 사육하는 것은 유전적 다양성을 지키는데 위협이 될 것입니다.

---

1) Time(시간), Place(장소), Occasion(경우)에 따라 적절히 대응하는 방식을 의미
2) 한국에서는 해당되지 않는다.

주변과 연계되는 것이 중요하다

정원에 만들고자 하는 '흐르는 물'이 가까운 작은 개천이나 수로 등의 기존 수계와 연결될 수 있다면 수생생물을 따로 도입할 필요가 없습니다. 주위 환경으로부터 자연적으로 도입될 수 있기 때문입니다. 날개가 있는 잠자리나 야생조류는 더욱 그렇습니다. 강바닥의 작은 돌이나 모래톱 진흙을 섞어서 배치하고 갈풀이나 말즘 같이 수중 뿌리를 뻗는 수초와 물을 적시기에 적당한 얕은 여울과 완만한 수변을 만드는 것으로 충분합니다. 순환장치와 여과장치가 달려있는 비오톱을 가끔 볼 수 있습니다만 그렇게 권하고 싶진 않습니다. 정전이나 단수가 될 경우에 그와 같은 흐름에 사는 생물들은 금방 죽고 말 것입니다. 인공적으로 순환시키는 흐름은 주변의 수계와 이어져 있지 않기 때문에, 많은 수생생물들에게는 사육되는 것과 큰 차이가 없다고도 할 수 있습니다.

개성적인 식물과 수변을 즐긴다

여러분의 집 근처에 갈대나 부들이 살고 있는 장소가 있다면 그곳으로부터 씨앗이나 땅속뿌리, 약간의 진흙을 가져와서 수변 비오톱 가든에 사용해 보면 재미있을 겁니다. 진흙으로부터 예상치 못한 식물의 싹이 나올지도 모릅니다. 고마리나 여뀌, 미나리 등의 수변식물은 뿌리로부터 잘라내지 않아도 마디로부터 뿌리를 낼 수 있기 때문에, 여러 개를 끊어 와서 수변에 꽂아 두기만 하면 얼마 지나지 않아 이전과 같은 상태로 회복되곤 합니다.

근처에 그런 장소가 없을 경우에는 화원에서 팔고 있는 물양귀비나 수련, 무늬 암페라, 물꽈리아재비 등 화단보다 수변에서 생육하기 쉬운 식물로 다채로운 경관을 연출해 색다른 느낌을 만끽해보세요. 일부러 돈을 들여서 산지 불명의 갈대나 부들, 멸종위기의 종류들을 모아서 본격적으로 꾸밀 필요는 없습니다. 그러한 생물이 근처에 퍼져 나가 야생화되면 자연을 혼란시킬 뿐입니다.

도시에서도 볼 수 있는 흰뺨검둥오리는 옥상정원에 마련되어 있는 한두 평 정도의 조그만 연못에도 날아와 새끼를 키우기도 합니다. 고양이에게 습격당하지 않도록 연못 한가운데 섬을 만들어주면 안심하고 새끼를 키울 수 있을 것입니다.

그늘이 지는 여름의 정원, 관엽식물과 잡초가 어깨를 나
란히 하고 있는 작은 연못에는 언제나 활력이 넘칩니다.
그늘정원의 식물을 가능한 그대로 살리고 작은 연못을
만들어놓습니다. 철화 작은 수변공간은 새들에게 소중한
물놀이 장소가 될 것입니다.

수변의 비오톱 가든을 만들어 보자!

1. 가스나 수도 배관에 주의하여 연못을 만들 장소를 결정한다. 이미 살고 있는 주변의 식물도 잘 활용하여 디자인한다.

2. 연못은 완성하고자 하는 면적보다 더 깊게, 더 넓게 삽으로 파낸다. 나중에 방수 시트를 설치할 부분은 작은 돌들도 모두 골라내어, 방수 시트가 손상되지 않도록 주의한다.

3. 두꺼운 방수 시트를 깐다. 커다란 연못의 경우에는 시트 보호를 위해 밑에 모래를 까는 것이 좋다. 시트 위를 밟고 올라서지 않도록 한다.

4. 연못 중간에 심고 싶은 식물의 포트 묘를 놓아본다. 심고자 하는 식물의 균형을 고려하며 대략의 위치를 정해둔다.

5. 연못의 식재 디자인이 결정되면 시트를 빼내고 먼저 연못 주변에 식물을 심기 시작한다.

6. 시트를 깐 후에 굵은 모래에 깨끗하게 씻은 크고 작은 돌을 섞어 시트 위에 덮는다. 커다란 돌 틈에 작은 돌들을 채워 넣는 방법도 있다.

7. 연못 중앙에 식물을 심고 굵은 모래로 묻는다. 뿌리 주변의 흙을 털어내거나 비닐 포트채로 묻으면 물을 잘 담아둘 수 있다.

8. 계획대로 식물 심기가 끝난 다음에는 시트가 보이지 않도록 연못 주변에도 굵은 모래를 채워 놓는 것이 좋다.

9. 물을 먼저 용기에 받아두면 연못 바닥의 모래가 흩어지지 않는다. 잔존물이 물 위로 뜨게 되면 나중에 걷어낸다.

How to make it

10. 물에 뜨는 식물(사진은 물배추와 생이가래*)을 넣고 송사리나 백운산백운몰개*, 우렁이를 방류하고 유목을 두어서 완성한다.

3) 생이가래는 확산이 빠른 편이어서 연못이 작으면 빠르게 덮을 수도 있다.

잠자리가 찾아오는 정원 만들기

단순한 워터가든과의 차이는 잠자리들에게 얼마나 매력적인 정원으로 만드느냐 하는 점입니다. 세력권을 감시하기 위해 앉을 수 있는 막대를 세우고, 잠자리가 먹이를 찾을 수 있는 개방된 초지(화단, 잔디밭 등)를 조성하거나, 찾아오도록 하고 싶은 종류에 따라 몸을 숨길 수 있는 나무를 몇 그루 심거나 지피류 등을 갖추는 일 등을 해야 합니다.

다만, 잠자리를 불러들이는 것뿐만 아니라 자신의 정원에 정착시켜 번식까지 하도록 하고 싶다면 수변이 필요합니다. 알을 낳거나 유충이 우화할 수 있도록 수변을 향해 돌출한 풀, 산란에 이용될 수 있는 수면에 떠있는 풀, 유충이 숨어 살 수 있는 수중 수초도 있어야 합니다.

그 이상으로 하늘에서 수면이 잘 보이도록 디자인하는 것도 절대적입니다. 먹이가 되는 작은 물고기나 수생생물은 근처의 개울이나 수로와 연결되어 있지 않은 연못에서는 야생종을 채집하여 가두어 두지 말고 송사리와 같은 관상용을 이용하는 것이 좋습니다. 야생종 송사리는 자유롭게 돌아다닐 수 없는 작은 환경에서 본래의 유전적 다양성을 잃어버릴 수 있기 때문입니다.

지수역(고여 있는 물)의 잠자리

작은 연못과 물확에서 번식할 수 있는 잠자리들도 있습니다. 태풍과 더불어 찾아오는 된장잠자리나 가을이 되면 산에서 내려오는 고추좀잠자리는 베란다나 옥상에서도 불러들일 수 있기 때문에 꼭 친해지고 싶은 종류들입니다.

물확은 반 정도 흙에 묻어 놓으면 청개구리가 알을 낳으러 옵니다. 개구리를 싫어하는 사람은 물확을 스탠드 위에 올려놓으세요. 만드는 자세한 방법은 42쪽을 참조

유충은 먹이가 부족하면 서로 잡아먹기 시작합니다. 하지만 연못 속의 생태적 균형을 위해서는 필요한 일입니다.

여름의 수변을 대표하는 밀잠자리. 물확 외에 앉을 수 있는 식물 등을 놓아두면
베란다나 옥상에도 잠자리가 찾아와서 정착할지 모릅니다.

거의 온몸이 새빨갛게 물드는 여름좀잠자리는 좀처럼 수변으로부터 멀리 떨어
진 곳까지는 날아가지 않습니다. 옥상과 베란다까지 찾아오는 붉은색 잠자리는
대부분 고추잠자리입니다.

잠자리 연못이라고 해서 갈대나 부들이 꼭 필요한 것은
아닙니다. 부엌에서 남은 물냉이나 파드득나물을 사용
하면 훌륭한 가정 채소원으로 이용할 수 있습니다.

가두어진 물과 흐르는 물에서는 각각 다른 종류의 잠자
리가 번식합니다. 이런 점을 감안하여 작은 돌들로 수공
간을 부분적으로 막아, 자그마한 지수역(흐르지 않는 물)
을 만들어두면 수변을 찾아오는 잠자리의 종류를 늘릴
수 있습니다.

유수역(흐르는 물)의 잠자리

흘러가는 물에서만 사는 잠자리들을 초대하기 위해서는 어느 정도 넓은 정원과 가까운 곳에 소하천이 흐르고 있는 조건을 갖추어야만 합니다. 장소에 제약이 있긴 하지만, 만약 수로나 개천 등으로부터 정원의 물을 끌어들일 수 있는 장소라면 꼭 시도해봅시다.

초여름에는 강변을 따라 수초 숲에서 여름을 나는 물잠자리가 초가을에는 강으로 돌아와 산란을 시작합니다.

가까운 곳의 수로에서 물을 끌어들여 커다란 순환로를 그리며 흐름을 만들어 봅시다. 수변에 심어놓은 습지물망초나 부들레야[5]는 나비를 유혹하기도 합니다.

4) 귀화종임
5) 우리나라에서는 분포하지 않는 종류임

잠자리의 세력권

무엇을 하고 있는 장면일 까요? 고추좀잠자리를 손 가락 끝에 머물도록 하고 있는 모습입니다.

막대기 끝에 앉는 노란허 리잠자리. 수질오염에 강 하고 도시 지역에서 점차 늘어나고 있습니다.

정원이나 베란다에 만든 수변을 잠자리들이 좋아하도록 하는 간단한 비법을 알려드리겠습니다.

수변 주변에 높이가 크게 자라는 풀을 심는다든지, 정원 관리를 하면서 나온 나뭇가지 등으로 높이가 제각각인 울타리를 만든다든지, 지주를 그대로 남겨 두는 것이 좋습니다.

한창 여름일 때는 그 정도는 아니지만, 선선한 가을바람이 불 무렵이면 막대기에 서로 앉으려고 싸울 정도로 그 끝에 머무르는 것을 좋아한답니다. 쫓아내도 곧 막대기 끝에 돌아와 앉는 집착을 보이기도 하구요. 이것은 수컷 잠자리가 세력권을 주장하기 때문인데, 세력권 속에 들어온 수놈을 쫓아내면, 곧바로 막대기나 가지 끝으로 돌아오는 모습을 관찰할 수 있을 것입니다. 물론 암컷이 찾아와 준다면 곧바로 교미를 하거나 산란을 시작합니다.

"우리집표 잠자리" 의 탄생도 결코 꿈이 아니랍니다.

숲에서 사는 잠자리

수변의 숲에서 사는 잠자리들은 그늘이 지는 정원에서도 불러들일 수 있습니다. 연못 주변에 낮은 나무와 화초를 심어두는 것이 이 잠자리들을 유도하는 포인트입니다. 다만 옥상과 같은 높은 장소로 불러들이는 것은 어렵습니다.

큰청실잠자리는 다른 실잠자리와는 달리 날개를 펼치고 있습니다. 초여름에는 나무숲의 수풀 속에서 지내며 여름이 끝날 무렵에는 연못으로 돌아와 산란을 합니다.

남방붉은배잠자리*의 유충은 물풀 사이에서 숨어서 지내기 때문에 연못의 수초를 제거해 버리면 죽게 됩니다.

초원의 잠자리

이 잠자리들은 트인 장소를 좋아하기 때문에 수변에 높은 나무가 많으면 찾아오지 않습니다. 참억새와 사초, 강아지풀 등이 조합된 풀밭(들판과 같은 정원)을 만들어주면 어디선가 찾아올 지도 모릅니다.

커다란 몸체로 인기 있는 왕잠자리. 개방된 장소를 좋아하기 때문에 수변에 풀이 무성한 조금 커다란 연못을 만들면 가능성이 있습니다.

나비잠자리는 수질오염에 강하고, 근처에 숲이 있고 수생식물이 잘 번성하는 수변을 좋아합니다.

고추좀잠자리는 더위를 싫어합니다. 여름에는 고원에서 지내고 가을이 되면 무리를 지어 마을로 내려와 우리 주변을 붉게 물들입니다.

암석정원풍의 비오톱 가든

Rock Garden

암석정원이라고 하면 다육식물을 떠올릴지 모르지만, 암석이나 자갈이 있는 환경은 암석 해변이나 강변, 고산대, 사막 등 꽤 다양한 편입니다. 그런 점을 감안하면 여러 가지 식물로 정원을 즐길 수 있습니다.

한편, 비오톱이라고 하면 숲이나 초원, 연못이 조성되어 있는 곳을 상상하기 쉽지만, 돌 밖에 없는 황폐한 곳이라고 해도 훌륭한 비오톱이 될 수 있습니다. 그런 장소를 대단히 좋아하고 그러한 환경에서밖에 살지 못하는 생물도 의외로 많기 때문입니다. 예를 들어, 옥상에 돌을 깔아 놓으면 쇠제비갈매기가 산란장소로 이용할 수 있는 비오톱이 됩니다.

물론 정원의 입지조건에 따라서 불러들일 수 있는 생물 종은 바뀌게 마련입니다. 강변의 유목을 울타리나 정원의 오브제로 사용하거나, 해변식물을 활용하면 개성적인 정원을 즐길 수 있습니다. 겨울 양달에 햇볕을 쬐러오는 은점표범나비나 꽃등에를 위해 유리옵스데이지 같은 밀원식물도 잊지 말고 심어봅시다.

바다 가까운 곳의 정원이라면, 해변의 식물도 이용해봅시다. 개화기가 긴 패랭이꽃은 씨뿌리기로, 향기가 진한 순비기나무는 삽목으로 번식합니다. 풀숲에 게가 숨어든다든지, 예상치 못한 의외의 재미가 있을겁니다.

정원을 돌보면서 나온 작은 돌들을 모아 처마 밑에 빗물받이를 만들면, 이 공간이 귀여운 암석정원이 될 수도 있습니다. 꽃부추와 같은 구근류와 타임, 에리카, 브라키코메 등의 키가 낮은 풀과 나무를 조합하면 더욱 좋습니다.

수변에 돌과 유목을 배치하면 다양한 서식공간을 만들 수 있습니다. 유목은 뿌리부를 잘 태워서 흙에 세우고, 시멘트를 조금 섞은 흙으로 고정하면 흰개미를 막을 수 있습니다.

돌쌓기로 만들어진 틈새에 박새가 둥지를 틀기도 합니다. 보강을 위해서 흙을 채워놓은 곳에는 데이지 등을 심는 것도 좋습니다. 사진처럼 후추가 올라가게 하면 이국적인 분위기로 바뀝니다.

펜스에 맞춰 표정을 만든다
암석정원은 자칫하면 밋밋해 보이기 쉽습니다. 트렐리스를 세운다든지 작은 가지 등으로 울타리를 엮는다든지 하면 조금은 액센트가 되며, 딱정벌레 종류가 이용할 수 있는 공간이 만들어 집니다. 산딸기 등과 조합하면 새들을 부를 수도 있어, 더욱 즐거움의 폭을 넓힐 수 있습니다.

모래밭도 포함하면 다양한 환경을 만들 수 있다
들고양이 걱정만 없다면, 모래땅을 포함시키는 것도 좋습니다. 신선초와 리빙스턴데이지, 갯무의 재미있게 생긴 열매와 스타티스와 조합시키거나, 다육식물인 코노피텀, 기누라(Gynura)로 가정 채소원을 즐기는 방법도 있습니다. 모래는 두껍게 사용하는 것이 풀 뽑기에 편하답니다.

돌 틈새는 뱀딸기나 땅채송화, 이끼류를 심으면 섬세한 표정을 연출할 수 있고, 망초 등의 귀화식물을 걱정할 필요도 없답니다.

암석정원에 모이는 생물

사마귀메뚜기'는 집이나 밭, 초지 옆의 도로 등에서 살고 여러 가지 식물의 잎을 먹으며 살아갑니다.

위에서 보면 선명한 다이아몬드 형태가 보이는 모메뚜기입니다. 정원과 공원의 이끼가 자랄 수 있는 조금 습한 초지 근처를 좋아합니다.

6) 강변메뚜기, 모메뚜기, 사마귀메뚜기는 우리나라에 분포하지 않는 종류
7) 사마귀메뚜기와 강변메뚜기는 한국에서는 발견되지 않고 있다.
8) 외래종이며 식물의 수정용으로 수입

강변 메뚜기의 유충. 하천공사 등으로 현저히 줄어 들고 있지만, 가까운 곳에 강변이 있으면 놀러올지 도 모릅니다.

옛날에는 강 주변에서 살던 알락할미새가 요즘에 는 공원의 잔디밭이나 옥상주차장 등에 와서 먹이 를 찾고 있습니다.

작은멋쟁이나비의 일광욕. 오후 햇볕으로 따뜻해진 돌 위에서 태양을 향해 날개를 펼친 채 몸을 덥히고 있습니다. 은점표범나비의 일종은 나비 상태로 월동을 하는 종류가 많으며, 정원에 햇볕을 쬘 수 있는 곳을 마련해 두면 매일 놀러오게 됩니다.

돌과 모래만 있는 정원에서도 살아가는 생물은 있습니다. 우선 할미새를 빼놓을 수 없습니다. 돌 틈에 있는 작은 벌레들을 잡아먹으러 찾아옵니다. 껑충거미나 처마밑문닫이거미의 일종으로서 모메뚜기[6]와 사마귀메뚜기의 일종, 가까운 곳에 강이나 습지가 있으면 강변메뚜기도 합류할지 모릅니다.

겨울철 낮 동안 돌이 따뜻해지면 돌 밑에서 동면하고 있는 무당벌레가 일광욕을 하러 나오거나 가까운 곳에 숲이 있으면 성충으로 월동을 하는 네발나비와 청띠신선나비의 종류들, 귤빛부전나비 등도 햇볕 쬐기를 즐기러 옵니다. 바다와 가까운 곳이라면 직박구리가 놀러올지도 모릅니다. 이러한 새들은 해변에서 상당히 떨어져 있는 내륙까지도 진출하고 있습니다.

성가신 것은 바람에 실려 온 귀화식물 종자입니다. 망초류는 약간만 방심하면 찾아듭니다. 물론 지피식물이나 키가 높은 초·목류가 함께 있는 암석정원이라면 귀화식물이 들어오는 틈은 적어집니다. 괭이밥도 귀찮은 존재이지만, 남방부전나비의 먹이풀이 되며 구리빛의 잎은 잘 활용하면 아름다운 지피식물로도 가능합니다. 별로 효용도 없고 눈에 띄지 않는 장소라면 굳이 없애지 말고 못 본채 넘어가 줄 수도 있지요.

염주괴불주머니

해안 가까운 곳이나 약간 습한 숲 주변에서 찾을 수 있습니다. 근처에 자라고 있는 것을 발견하면 씨앗을 조금 가져와 겨울에 심어 보세요. 그 다음해 봄에는 노란색의 아름다운 꽃을 즐길 수 있을 겁니다. 머리를 약간 수그리며 피는 꽃에는 서양뒤영벌이 찾아옵니다.

큰개불알풀

줄기를 덮은 청색의 꽃이 압권이며 꽃이 진 다음 잘라내면 줄기가 깨끗한 매트 모양으로 유지되며 겨울에는 구리 빛으로 물드는 지피류로 즐길 수 있습니다. 잘라낸 가지를 삽목하여 번식시킬 수도 있습니다. 더위에 약하기 때문에 낙엽활엽수 그늘에서 심는 것이 좋습니다.

세덤

초여름에 피는 시원한 백색의 꽃과 밝은 녹색의 대비가 기분 좋은 다엽식물입니다. 더위와 추위, 그늘에 강하고, 물 빠짐이 좋은 토양이라면 어디에도 잘 자랍니다. 삽목으로 간단하게 번식시킬 수 있는 것도 매력적입니다. 꿀벌과 꽃등에 종류들이 찾아옵니다.

산딸기

사계절 꽃이 피는 성질이 강하고 향기가 좋고 맛있는 열매가 열리기 때문에 새들에게도 사람에게도 좋습니다. 전부 수확하지 말고 반 정도는 새들을 위해서 남겨 둡시다. 햇볕이 좋은 건조한 편인 장소라면 점점 불어나서 탐스럽고 무성한 모습을 만듭니다.

돌가시나무

초여름에 커다란 흰 꽃을 피워서 꽃무지나 꿀벌을 불러들이며 가을에는 빨간 열매가 새들을 유혹하는 덩굴성 장미입니다. 해안이나 강가에 보통 살고 있기 때문에 근처에 자생지가 있다면 덩굴을 끊어와서 삽목해 번식시키며 트렐리스나 펜스에 적용합시다.

설강화

초봄에 피는 야생적인 꽃에는 수중다리좀벌 종류들이 찾아오게 됩니다. 건조에 약한 구근류이기 때문에 낙엽수의 아래에 모아 심는 것이 좋습니다. 한번 심어두면 매년 즐길 수 있습니다. 컨테이너에서 캐내지 않고도 가끔 물을 주게 되면 여름을 날 수 있습니다.

암석정원풍의 비오톱 가든 특징과 만드는 방법

커다란 돌에는 왕모람 (Ficus pumila)이나 세덤류, 무늬줄시철, 바위수국 등을 착생시켜 두면 재미있습니다.

수변을 만들 경우에는 노루오줌이나 큰까치수염, 무늬암페라, 무늬 세모고랭이 등을 이용합니다.

여러 가지 크기의 작은 돌을 놓고 그 위에 평탄한 돌을 얹어서 그 무게로 누릅니다. 돌과 돌 사이에 생긴 틈은 곤충이나 소생물이 숨을 수 있는 집이 됩니다. 돌 위는 직접 밟지 않는 것이 좋습니다.

호랑나비나 남방제비나비를 위한 먹이풀로는 수영이나 쵸이샤(Choisya ternata), 배추벌레고치벌이나 큰줄흰나비를 위해서는 서양말냉이 (beris amara)나 스위트알리섬 등을 권합니다.

조욕대(작은 새들이 물 먹는 장소)

평탄한 돌을 쌓은 돌담

작은 크기의 암석원에서는 사용하는 돌도 작아지기 때문에 베로니카 옥스퍼드 블루나 가자니아, 매발톱꽃, 타임 등 키가 낮은 밀원식물을 중심으로 심습니다.

돌담의 틈에는 스페니쉬 데이지나 산딸기, 데저트피, 리나리아, 이삭여뀌 등을 심습니다. 붉은인동덩굴과 시계꽃 등을 같이 심는 것도 좋습니다.

레몬그라스나 버베나 보나리엔시스(Verbena bonariensis) 같은 키가 높은 식물을 앞쪽에 심고 깊이감을 강조합니다.

표면에 작은 돌들을 두는 정도로 간단하게 조성할 때에는 건조에 강한 스페니쉬데이지나 산딸기, 블루베리, 실버 잎색 계통의 메꽃과 유리옵스 데이지, 프렌치 라벤더, 훼이조아(Feijoa sellowiana) 등을 사용합니다.

본격적인 암석 정원은 정원의 온도변화를 줄이기 위해 적어도 1m 정도 지면을 파내고 돌을 깐 다음에 그 위에 만듭니다. 돌이 열을 담는 효과를 발휘하여 겨울철에는 따뜻하게 여름철에는 시원하게 하기 위한 아이디어입니다. 고산 식물을 심는 알핀가든의 암석원에서는 더위에 약한 식물을 지키기 위해서도 필요한 조성방법입니다. 한 아름 이상이 되는 돌을 많이 사용하기 때문에 개인 정원에서 주말에 재미삼아서 만들 수 있는 범위가 되면 돌의 크기도 체력에 따라서 좌우됩니다. 그렇게 되면 아무래도 작은 돌이 중심이 되기 때문에 정원 전체가 평탄하고 변화 없는 모습이 되기 십상입니다. 정원의 시각적인 포인트가 되는 곳에 커다란 돌을 사용하고 싶다면 보기에는 무겁지 않은 다공질의 돌을 사용하는 것이 바람직할지도 모릅니다. 그렇게 되면 조금만 위치를 바꾸고 싶을 때도 시공전문가에게 부탁해서 장비로 움직이게 할 필요가 없습니다. 가벼운 화산석이라면 자기가 좋은 곳에 구멍을 파고 식물을 심는 것도 간단해서 편리합니다.

평범하면서도 아름답게

크기가 한정된 돌도 정원에 입체감을 주고 싶을 때는 아이디어가 필요합니다. 처음부터 경사지에 정원을 만들 수 있는 행운이 있다면 별로 수고할 필요가 없을지 모르지만 대부분의 경우는 평탄한 곳에 만들게 됩니다. 그런데 예산 사정 때문에 커다란 돌을 사용하기 쉽지 않을 것입니다. 그럴 때에는 강변풍의 암석원으로 꾸며보면 상당히 훌륭한 마무리가 될 수 있습니다. 에시 그림에서는 커다란 돌을 두개 사용하고 있습니다만, 주목이나 꽝꽝나무처럼 짙은 녹색의 상록수를 전정하여 대용하는 것도 재미있을 것입니다. 고산수가 아닌 살아있는 산수입니다. 주변부는 보리수나 페이조아, 유리옵스데이지, 메꽃 등의 황색 및 라임그린, 실버그레이의 잎 등 식물 중심으로 구성합니다. 자연수형을 사용하여 전정한 어두운 색의 상록수를 돌 대신으로 상징적으로 사용하는 것입니다.

지금은 화분에 담겨진 채 판매되고 있는 순비기나무이지만, 해변과 가까운 정원에서는 산지가 불분명한 것들이 야생화되어 유전자 오염을 일으킬 가능성이 있으므로, 근처에 야생종이 있다면 작은 가지를 꺾어 와서 삽목해봅시다. 작은멋쟁이나비가 찾아왔군요.

앞쪽에 놓인 작은 돌의 주변에는 일부러 극단적으로 키가 작은 지피식물과 잎이 작은 식물들을 배치하여 돌과 스케일 감을 바꿔가며 크기를 강조해 보십시오. 작은 정원에서는 식물을 심은 다음 작은 돌과 굵은 모래를 까는 것만으로도 충분합니다. 여기에 건조한 땅을 좋아하는 생물을 불러들이도록 해보세요. 앞쪽에는 곳곳에 키가 높은 초화류를 심고 시야를 적당히 가려 깊이감을 강조해 보십시오. 그런 식의 스크린 효과는 정원에 깊이감을 주고, 사람이 통행하는 통로 측을 차단하는 효과도 있어서 정원을 찾아오는 생물들이 한층 안심하고 이용할 수 있는 환경을 만들어줍니다.

정원의 중앙을 개울처럼 구불거리며 가로지르는 돌밭은 보다 크게 해도 좋을 것입니다. 어느 정도 면적이 확보될 수 있다면 할미새가 놀러와 줄지도 모릅니다. 고산수 풍의 작은 돌과 모래로 흐름을 표현해줄 때에는 굵은 모래와 크고 작은 막돌을 조합하여 사용하면 보다 큰 틈들을 만들 수 있습니다. 평평한 돌을 배치할 때에는 밑에 크고 작은 돌을 깔아 놓음으로써 위로부터의 무게를 받쳐주게 해 안정감을 주세요. 그렇게 함으로써 평탄한 돌 밑에 많은 공간이 확보될 수도 있습니다. 하지만 실제로 그 위를 걸어야하는 디딤돌에는 이러한 공법이 적절치 않고, 돌이 떠있어서 다리를 삘 위험도 있습니다.

커다란 돌 앞에 수십 센티미터 정도 떨어진 곳에 키가 큰 풀이나 낮은 나무를 심으면 그 틈에 낙엽이 쌓이기 쉽습니다. 돌의 뒤편에 나무를 심을 때도, 식물을 심을 때도 조금 떨어뜨려 심어보세요. 주변이나 그 밑에는 무늬 잎의 개맥문동이나 아이비처럼 커다란 잎의 틈에 낙엽이 쌓일 수 있는 식물을 심어 보세요. 정면에서는 보이지 않는 그런 포켓공간을 만들어 낙엽을 모으면 낙엽을 분해하는 생물들과 월동하는 생물들을 불러들일 수 있습니다.

경사면을 만든다

기복이 있는 지형을 만들고 싶을 때는 구멍을 파내거나 성토를 하는 것이 좋습니다. 그런데 지형을 파내기 전에는 부지의 도면을 체크해 배관이 없는지를 확인한 다음 작업을 시작해야 합니다. 1m 정도 깎아 내면 남는 흙으로 마운딩을 할 수도 있어, 충분한 기복을 만들 수 있습니다. 지하수가 나온다면 행운이지요. 그대로 연못으로 활용하세요.

돌담을 만듭시다

돌을 쌓을 때에는 시멘트를 사용하지 말고 건식쌓기로 틈을 많이 만들면 생물들에게 숨을 공간을 제공할 수 있습니다. 안전성 면에서 그다지 높은 돌담은 권할 수 없습니다. 처음부터 돌담의 틈에 식물을 심을 수 있도록 돌 짜임의 안정성을 해치지 않는 범위 내에서 여유 공간을 확보해 두는 것이 좋습니다. 석재 블록을 사용하는 경우에는 연마 마감하지 말고, 깬 돌을 그대로 쓰면 거친 표면을 여러 가지 생물이 이용할 수 있습니다.

29

지피식물(Groundcover)도 눈여겨 보자

비오톱 가든에서는 교목, 관목, 하부 초화류 등 자연림의 구조와 기능을 원예식물로 재구성하게 됩니다. 그 중에서도 지피식물은 중요한 기능을 제공합니다. 건조나 토양 유실 및 귀화 식물의 침입을 막고, 다양한 생물의 먹이와 은신처를 제공하며 병충해를 억제하고 다채로운 아름다움을 연출해 줍니다.

최근까지 주류였던 한 종류의 작물을 양산하는 모노컬처(monoculture)는 생태적 균형을 가지는 다종재배(polyculture)로 바뀌어 가고 있습니다. 지구에 대한 큰 부담을 생각해, 선진 각국은 방향전환을 표명하였습니다. 다종재배는 공존의 가치를 잘 알고 있는 고대 민족의 지혜입니다. 북미 원주민들은 옥수수와 콩 그리고 호박을 같이 재배하였는데, 콩은 비료를 제공하고 호박은 잡초의 침입과 토양의 유출을 막으며 옥수수는 콩의 지주가 되었답니다. 이러한 생태적인 균형의 축소판과 같은 조합은 정원에서도 이용할 수 있습니다. 지피식물을 식재할 때는 다양한 종류를 섞어 심어보세요.

---

9) 상생식물(companion plant) : 서로 생육에 도움이 되는 식물을 말한다. 이는 식물에서 만들어 내는 물질이 특정한 다른 식물에 도움이 되기 때문이라고 한다. 예를 들면 완두와 딸기는 감자와 잘 어울리며 데이지와 양귀비는 밀의 생장을 촉진시킨다고 한다. 이와 반대로 침엽수 등은 자신 이외의 식물생육을 저해하는 알레로파시(他感作用)가 있어, 근처에 다른 식물이 자라지 못하게 하기 때문에 같이 심지 않는 것이 좋다.

대지를 환경적으로 지킨다
컬러리프나 허브 등의 여러 종류를 섞어 심어, 보기에도 좋으면서 다양한 환경을 만들어 낼 수 있습니다. 먹이풀과 밀원, 상생식물*, 기피(忌避)식물, 상록성과 낙엽성 식물들을 혼식함으로써 목적에 맞춘 생태학적 기능을 정원에 도입할 수 있습니다.

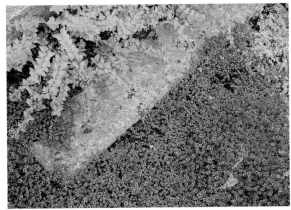

허브를 조합하면 풍부한 향기를 맡을 수 있고, 병충해도 줄일 수 있습니다. 사진에서는 타임과 꽃박하 및 리시마키아 등 색깔 있는 잎을 갖고 있는 식물로 연출을 해놓았습니다.

이렇게 조그만 코너에서도 5종류의 식물이 균형을 이루고 있습니다. 귀화와 침목이 조합되고, 곤충과 소동물에게 숨을 수 있는 곳을 제공합니다. 토양 침식과 진흙이 쌓이는 것을 막는 것만으로도 병해를 줄이는 효과가 있습니다.

낙엽을 없애주는 친환경적인 지면
구근류와 숙근초를 상록 덩굴식물과 조합하면, 사계절 표정이 풍부한 지면을 완성할 수 있습니다. 오가메스다를 비롯해 상록이면서 틈새가 큰 식물은 낙엽을 대량으로 받아 들일 수 있고, 부엽토가 땅으로 박힐 때까지 다양한 생물상을 지원해주는 지면의 역할을 합니다.

글레코마

최근 이 종류의 반입품종이 병꽃풀, 금전초라는 이름
으로 판매되고 있습니다. 조금 습한 장소나 양지에 심
으면 아름다운 바닥을 만들 수 있으며, 밟으면 향기가
올라옵니다. 술을 담가 마시면 신장에 좋고, 봄에 피
는 꽃에는 꿀벌들이 찾아옵니다.

고마리

고만이라고도 불리는 친숙한 잡초입니다. 햇볕이 좋
은 조금 습한 곳에서는 볼만한 바닥면을 형성합니다.
키가 높은 가지가 무성해지지 않도록 가볍게 밟아 넘
어트리면, 옆으로 자라는 가지가 무성해서 두툼하게
마무리 됩니다. 씨앗은 새들을 위한 먹이가 됩니다.

뱀딸기

밝고 넓은 잎을 가진 회초로, 건조한 돌 포장 틈에서
부터 수변까지 폭넓게 이용할 수 있습니다. 노란색의
꽃도, 새빨간 열매도, 곤충과 새를 불러들여 재미있는
정원으로 만들어줍니다. 가까운 곳에 있는 호수나 논
두렁, 공원의 한 구석에서 발견했다면 뿌리를 몇 개
가져와서 삽목을 해보세요. 재미있게 붙어납니다.

벌깨덩굴

근처의 숲에서 발견했으면, 몇 덩굴을 가져와 삽목하
세요. 간단히 뿌리를 내립니다. 생장이 빠르기 때문
에 광엽수의 밝은 그늘 아래 심어두면 볼만한 바닥을
만들어 줍니다. 이른 봄에 피는 커다란 파란색의 꽃
도 좋고, 꿀벌 등을 불러들이기도 합니다.

피막이풀

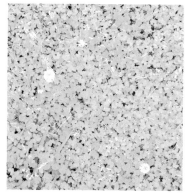

연못 주변과 조금 물이 축축하고 물빠짐이 안좋은 곳
을 좋아합니다. 그늘 지는 정원의 돌 포장 사이에 심어
도 좋습니다. 풀베기를 할 때 의식적으로 남겨두기만
하면 아름다운 지피식물로 마무리할 수 있습니다. 정
원관리를 할 때 손에 상처를 입었다면 잎을 잘라내 상
처 부위에 발라보세요. 신기하게도 순식간에 피가 멎
습니다.

노루오줌

밝은 수변부터 그늘이 지는 정원에 이르기까지 폭넓
게 이용할 수 있습니다. 산야와 가까운 주택이라면 근
처의 계곡과 초지에서 노루오줌의 열매를 모아 이용
하는 것도 재미있을 겁니다. 작은 꽃은 밀원으로서 이
용가치가 높고, 나비나 작은 벌들도 불러 모을 수 있
습니다.

여뀌

겨울에 꽃을 즐길 수 있는 여뀌는 성충으로 월동하는 곤충들을 위한 밀원입니다. 사진과 같이 어두운 색의 잎을 빈잎 빈카(Vinca major)와 어울리게 해도 우아한 마무리가 됩니다. 십목으로 간단하게 번식시킬 수 있고 햇볕이 좋은 수변과 밝은 그늘에서도 이용할 수 있습니다.

큰제비고깔

결실이 되어 떨어진 종자로 점점 불어나, 봄이 되면 섬세한 잎에 파란 꽃이 피며, 마지 말 상대가 되어주는 듯한 정취를 즐길 수 있는 일년초입니다. 우리나라에서는 경기도 이북지역에서 자생합니다.

오스테오스퍼멈(Osteospermum)

매우 뛰어난 밀원식물로서 물 빠짐이 좋은 양지를 좋아하며, 남쪽의 따뜻한 지방에서는 월동도 간단합니다. 사츠나 위핑러브그라스(Weeping Love Grass) 등의 원에 잔디류와 조합해서 심으면, 우아하면서 자연스러운 표정을 연출할 수 있습니다. 가을에 잘라낸 가지를 십목 번식시켜 봅시다.

스페니쉬 데이지

에리겔론이라는 이름으로 팔리기도 합니다. 밝고 건조한 정원과 돌담의 틈에 심으면 원기왕성하게 자라고, 비료를 뿌려두면 확실한 지면을 만들어 줍니다. 일본에서는 하코네 별장지 주변에 옛부터 귀화한 식물인데 최근 인기가 있어서 분포가 확대되고 있습니다. 작은 나비도 불러 모을 수 있습니다.

꽃부추

정원에서 벗어나 햇볕이 좋은 둑이나 초지에서 별모양의 꽃을 피우기도 합니다. 초여름에는 잎이 마르기 때문에 구근을 파내어 정원에 심어 보면 좋습니다. 잎은 부추와 같이 향기가 있지만 독이 있어 절대로 먹어서는 안됩니다. 꿀벌을 불러 모을 수 있습니다.

홍자단

가지를 수평으로 넓혀가면서 높이 1m 정도로 무성해집니다. 잘라내면 낮고 무성한 볼륨감을 볼 수 있습니다. 돌담에서 뻗어 내려가거나 암석원과 함께 연출하면 담에서도 사용할 수 있습니다. 짙은 핑크색 꽃이 달리고 가을에는 빽빽이 달린 열매가 새를 불러 모아 줍니다.

베란다, 옥상의 비오톱 가든

Veranda, Roof Garden

아파트 베란다나 옥상에 작은 새들이나 나비, 잠자리들이 찾아와서 상쾌한 아침을 맞았으면 하고 꿈꿔본 적은 없으세요? 아침 이슬을 머금은 블루베리나 산딸기를 아무렇지도 않게 디저트에 첨가하고, 베란다의 타임이나 로즈마리를 조금씩 잘라내어 육류 요리에 넣어 즐기는 것이 불가능한 일이기만 할까요? '그건 꿈같은 일이야'라고 생각할지 모르지만, 포인트를 잘 짚으면 의외로 간단하게 즐길 수 있답니다. 베란다나 옥상은 햇볕이 좋고 대부분 건조하기 때문에 스페인과 같은 지중해 주변의 반사막 식물을 중심으로 정원을 구성하면 안성맞춤입니다. 예를 들어 올리브, 월계수, 페이조아, 라벤다, 타임, 로즈마리 같은 것들 말이죠. 블루베리나 산딸기도 물론 베란다용입니다. 이것만으로도 훌륭한 키친가든풍 비오톱 가든을 만들 수 있습니다. 거기에 더해서 작은 새들이 물을 마실 수도 있고 잠자리 연못으로도 기능할 수 있는 물확이 있다면 베란다의 비오톱 가든은 거의 완벽하다고 할 수 있습니다.

과수와 초화로 만드는 나비와 새를 부르는 플랜터

양지를 좋아하는 식물은 많기 때문에 그 조합도 다채롭습니다. 새를 부르는 라즈베리와 산딸기, 나비를 부르는 백일홍과 블루 살비아, 고양이를 쫓아내는 란타나와 수영 및 민트, 모기를 쫓아내는 베이즐, 진딧물을 쫓기 위한 체리세이지, 산호랑나비를 부르는 파세리 등……

남방제비나비를 부르기 위해 감귤과의 죠이시아를 주제로 한 그늘의 플랜터입니다. 하얀 꽃이 상쾌한 향기를 내고 숙국 '라임'을 악센트로 하고 왜란으로 보완했습니다.

빈 와인 상자를 얻어 와서 안쪽에 쓰레기 봉투를 스테이플러로 박아 넣은 후 밑바닥에 물 빠짐 구멍을 몇 개 뚫고 흙을 채우면 멋진 플랜터가 완성됩니다.

오늘 아침 처음 듣는 새소리에 잠이 깼다

나이가 들어도 언제나 가슴 두근거리는 순간은 있게 마련입니다. 태어나서 처음 가지에 달린 블루베리의 열매를 맛본다든지, 베란다의 꽃에 처음 보는 나비가 날아온다든지, 여름날 아침 물확에서 유충의 탈피를 발견한다든지……. "도시 생활도 의외로 좋은 것이구나" 하고 생각할 수 있는 일상을 즐겨보세요.

35

미니어쳐 가든

작은 새들에게 의지가 될 수 있다면 좋겠다
창밖에 놓인 작은 물확. 반으로 가른 그 속에서 오늘도 미니 생태계의
드라마가 반복되고 있습니다. 그곳에 목욕을 하러오는 작은 새들, 꽤 먼
산으로부터 찾아오는 고추잠자리들……. 여러분의 창가에 있는 상쾌한
수변에 내일은 누가 찾아올까요? (식물명은 43쪽을 참조)

언못의 물을 떠 와서 수초를 띄워두면 왠지 보물 창고 같은 느낌이 납니다. 갑각류에 규조류, 물달팽이에 물매미까지, 깊은 접시 속의 소우주입니다.

물확이 길가에 줄지어 놓여있는 이 가게는 잠자리와 새들이 찾아와, 이 앞을 지나다니는 주민들의 마음을 훈훈하게 해주고 있습니다. 물확이 있는 테라스라 해도 좋을 것입니다. 여름에는 키가 큰 수초가 녹색의 스크린이 되어 주고, 가게 안으로부터의 조망도 시원합니다.

요즘은 들판에서 보기 힘든 종이 꽃가게에서 팔리고 있습니다. 어렸을 때 보았던 네가래입니다. 옛날 생각이 나기도 하지만, 산지불명의 생물이 야생화하지 않을까 그것도 걱정되는 일입니다.

이끼로 미니 습원을 즐겨 본다
접시에 담긴 물에 이끼를 얹고 수변의 풀들을 자유롭게 조합시켜 즐겨보세요. 키가 높은 세모고랭이, 가련한 갈풀, 별 모양의 꽃을 피우는 꽃방동사니, 병꽃풀과 세덤까지. 접시 둘레에 작은 모래를 채워 놓으면 새들의 물놀이 장이 되기도 합니다.

옥상의 비오톱 가든

가늘고 긴 목재 플랜터에, 한 겨울의 옥상을 따뜻하게 연출해주는 유리옵 스데이지와 로즈마리 꽃이 한창입니다. 꽃등에의 생명도 이어집니다. 초여름에는 라벤다도 향기를 냅니다.

경쟁하듯 향기를 내는 공중정원의 허브들
더위와 건조에 강한 허브들이 도심의 옥상을 향기롭고 상쾌한 공간으로 바꿔줍니다. 은백색의 밀집꽃과 로즈마리의 줄기들, 타임으로 깔린 지면도 향기로 가득합니다.

날개가 있는 생물을 위한 공중정원

도심에서는 맨션의 옥상을 녹화하고 커뮤니티 가든으로서 이용하는 예가 점점 늘어나고 있습니다. 새가 노래하고 잠자리와 나비가 날아다니고 모기가 없는 옥상에서 일광욕과 가드닝을 즐긴다면 도시에서의 생활도 상당히 우아해질 것입니다. 동경도에서는 2001년 4월부터 옥상녹화가 제도적으로 추진되고 있습니다. 도의 기준에 따르면 부지면적 1,000㎡ 이상의 건물은 옥상의 20~30% 이상을 의무적으로 녹화하도록 되어있습니다. 날아다니는 생물들에게 있어서는 좋은 소식이 아닐 수 없습니다.

도시의 옥상을 공중정원으로 만든다면, 그곳을 자유롭게 왕래할 수 있는 새와 곤충들에게는 새로운 서식처(=비오톱)가 될 가능성이 높습니다. 적어도 서식지와 서식지를 잇는 이동경로(코리더)의 역할은 충분히 할 수 있을 것입니다.

날아가고 싶지만

그렇지만 날지 못하는 생물들에게 공중정원은 아무런 의미를 가지지 못합니다. 예를 들면 비오톱이라고 이름 붙여진 정원이 옥상에 만들어진다 해도, 그곳에 방류된 송사리나 개구리에게는 감옥과 다름이 없거나 사육되는 것일 뿐입니다. 물론 두더쥐에게도 마찬가지입니다. 잠자리나 새처럼 주변의 서식지를 자유롭게 왕래할 수 없기 때문입니다. 자유롭게 이동할 수 있고 자손을 번식할 수 있으며 유전적 다양성과 균형을 갖출 수 있는 것이 비오톱의 필수불가결한 조건입니다.

야생의 생물은 사용하지 않는다

옥상에 만든 잠자리 연못에 미니 생태계의 균형을 위해서 야생의 수생생물을 사용하지 마세요. 지역마다 다른 야생집단의 유전적 특징을 혼란시킬 우려가 있기 때문입니다.

베란다와 옥상의 연못에서 수생생물을 키우고 싶다면, 애완용 송사리나 금붕어를 권장합니다. 이 친구들은 애완용으로 오랜 시간동안 키워졌기 때문에 폐쇄된 환경에 유전적으로도 순응되어 있어서 안심입니다.

닫혀있는 공간인 옥상 연못에서는 귀화 식물을 이용할 수도 있습니다. 본래의 분포와 관계없이 주변에서 야생화 되어있는 것을 가져다가 폐쇄 수역에서 기릅니다. 아이들과 가재잡이도 즐기며, 수수한 수변의 쓰임을 즐겨 보세요. 해오라기와 왜가리, 쇠백로 등이 가재를 노리고 찾아올 지도 모릅니다. 그러나 그것도 야외에 방류하는 것은 금지입니다. 배수구에는 촘촘한 망을 설치해 두기를 권합니다.

바람과 건조에 강한 식물을 이용한다

옥상에서는 강풍과 건조를 견딜 수 있는 식물을 중심으로 정원을 꾸며야 합니다. 바람의 저항을 적게 받는 작고 딱딱한 잎의 올리브, 섬모에 덮인 두꺼운 잎으로 건조에 적응하는 센토레아와 유리옵스데이지 등이 좋습니다. 키가 큰 수목과 커다란 잎을 가진 식물은 가급적 피하는 것이 좋습니다.

그다지 관리를 위해 손을 대고 싶지 않은 경우에는 사계절 꽃이 피는 성질이 강한 프린지드 라벤다와 로즈마리, 체리 세이지, 센티드 제라늄, 란타나 등을 배치하여 악센트로 삼는 것도 하나의 방법입니다.

일본의 해안가를 따라서 자생하고 있는 식물과 화산지대의 식물도 건조에 강하고 공해에 강해, 도심에서는 권할 만 합니다. 다정큼나무는 상록으로 암녹색의 잎에 흰색 꽃을 피우며 우아한 검은 열매가 달립니다. 돈나무와 졸가시나무, 풍겐스 보리밥나무, 매화오리나무나 노나무, 수국, 좀사방오리 등은 서양이나 동양식 어떤 경우에도 맞으며 권할 만 합니다. 같은 해안성 식물이라도 사철나무와 아와나무는 해충이 발생하면 점차 피해가 심해지기 때문에 권하고 싶지 않습니다.

덩굴성 식물 중에서는 붉은꽃인동덩굴과 멀꿀 등이 흙의 비산을 막는 지피류로 최적입니다. 모람과 마삭줄, 돌가시나무와 같은 덩굴성 식물 외에 산딸기, 타임, 덩굴채송화, 데저트피, 여뀌도 추천할만 합니다.

베란다, 옥상의 비오톱 가든 특징과 만드는 방법

타임과 세덤 심는 방법

플라스틱 접시의 측면에 배수 구멍을 뚫는다.

경량토 등으로 세덤을 심는다.

모래로 덮는다.

모래부분에 타임과 세덤을 심어 강조 용으로 활용한다.

베란다에서는 목재판과 굵은 모래를 덮어서 맨 발로 감촉을 즐겨보는 것도 좋다.

물확

굵은 모래

나무의 줄기로 가린다.

옥상에서도 연못을 만들 수 있다

소귀나무나 올리브, 능금과 같은 커다란 과일나무는 화분에 심고 근원부를 바크 등으로 덮고 아이비 등의 지피류를 심어 흙이 날리지 않도록 하는 것이 좋다.

습지식물을 심는다.

수심은 깊어야 15㎝ 정도로 한다.

대형 플랜터

벽돌

블록
발포스티로폼
경량토

비닐시트

발포 스티로폼 등으로 토대 를 사용하고 틈에 경량토를 넣어서 비닐시트로 덮는다.

제일 밑에 뿌리 번짐을 막는 시트를 덮어두면 더욱 안심 할 수 있다.

굵은 모래를 깔고 수 변에 식물을 심는다.

작은 수조에서도 수초를 즐길 수 있다

플랜터, 행거 등으로 화 분을 고정한다.

블록

바구니나 플라스틱의 화분 에 발포 스티로폼을 고정하 여 물에 띄우는 재료로 사용 한다.

역시 플랜터가 간편하다

베란다에서 정원을 즐기는 경우 중량 제한과 피난 통로의 확보를 고려해야 하고, 어린 아이들이 있는 가정에서는 펜스를 타고 올라가는 발판을 만들지 말아야 하는 등 각별한 주의가 필요합니다. 또 모르는 사이에 흙이 흘러나와서 배수구를 막아버리면 큰일입니다. 그런 점들을 감안하면, 역시 붙어 심기를 조합한 플랜터 가든이 간편하고 실패할 확률이 없습니다. 베란다라는 한정된 공간에서도 플랜터별로 서로 다른 환경에 맞는 식물을 재배할 수 있고, 밑바닥 구멍을 막으면 습지에서 사는 크레송이나 식초를 만들 때 사용하는 여뀌의 재배도 간단하게 할 수 있습니다. 정원에 심으면 너무 지나치게 번져서 곤란한 민트류도 단독의 커다란 화분을 사용하면 안심할 수 있습니다. 약간의 차폐기능을 할 수도 있고 가정 채소원으로도 가능합니다. 물확을 두면 연꽃과 물 양귀비, 파피루스 등도 즐길 수 있으며, 잠자리가 산란하러 올 수도 있고, 작은 새가 물놀이 장소로 찾아올 수도 있습니다. 플랜터는 혼자서 옮길 수 있는 크기의 것이라면 모양은 어떻든 자유자재입니다. 그러나 가능하다면 플랜터는 크고 깊은 것을 사용하는 것이 좋습니다. 실수로 물주기를 잊어도 하루 이틀 동안은 견딜 수 있기 때문입니다.

연약한 작은 날개로도 날아온다

"초고층의 베란다에 나비나 새가 과연 날아올까?' 하고 걱정할지도 모르겠습니다만 그것은 지나친 걱정입니다. 누가 뭐라고 해도 날개 달린 것들은 날개를 움직이는데 명수이기 때문입니다. 물론 수변으로부터 그다지 먼 곳까지 이동하지 않는 실잠자리나, 눈에 잘 띄는 반면 나는 힘이 약한 남방부전나비 등은 강한 바람에 실려 오지 않는 한 찾아오기 어려울 수도 있지만, 먼 곳까지 날아가기를 좋아하는 고추좀잠자리나 된장잠자리, 산 위까지 진출하는 산호랑나비 등은 간단히 불러 모을 수 있습니다. 직박구리나 참새, 쇠찌르레기, 박새, 방울새, 멧비둘기 등도 잘 찾아옵니다.

주변에 자연이 잘 남겨질수록 각종 생물들이 정원이나 베란다를 목표로 하는 비율도 높아집니다. 최근에는 차폐를 위해 베란다에 심는 2m도 안되는 수목에, 천적으로부터 새끼가 잡혀 먹히는 것이 두려워 새들이 둥지를 짓는 경우도 상당히 늘고 있습니다. 혹시 멧비둘기나 직박구리가 작은 가지를 모아서 날아온다면, 신경 쓰지 않는 척하며 베란다에 나가는 횟수를 억제해보세요. 그동안 심어 놓았던 식물들 틈 속에서 새끼 새들의 소리가 들려올 지도 모르기 때문입니다.

잔디와 채소도 즐길 수 있다

베란다에 잔디를 심을 때에는 낙엽 등이 들어가지 않도록 배수구에 금속망을 설치해야 합니다. 방수 시트 위에 놓인 부직포를 손잡이측 끝까지 각재 등으로 감아서 흙이 넘치지 않도록 하고, 배양토를 덮어서 잔디가 퍼지도록 합니다. 최근에는 미리 부직포에 파종해서 기른 잔디 매트도 팔고 있기 때문에 한번 사용해 보는 것도 좋을 것입니다.

주택 부지와의 사이 공간을 확보하여 굵은 모래 등을 깔고 창틀로부터 빗물이 들어오지 않도록 창 쪽에 흙을 높게 쌓는 등 경사 방향에도 주의를 합니다. 베란다용의 채소로서는 냉이나 무처럼 어느 정도 크기가 되면 순차적으로 수확할 수 있는 작물이 좋습니다.

가는 잎의 비비추는 옥잠화계의 품종이며 수변에서 건강하게 자라고, 허트모양 잎의 품종은 넓은 옥잠화 계통으로 건조하기 쉬운 장소를 좋아합니다. 같은 비비추라도 특징을 고려해 사용해 보세요.

미니워터 가든을 만들어보자
How to make it

준비해야 할 것 _ 수련 화분, 유목, 굵은 모래, 심을 식물, 작은 물고기, 우렁이 등.
수련 화분은 유약을 바르지 않고 만든 토기 화분이 수온을 안정시킬 수 있어서, 양지에 둘 때 특히 권할 만하다. 직경 50㎝ 정도가 사용하기 쉽다.

1. 유목과 고사지로 틀을 만든다. 생나무는 물을 부패시키는 원인이 되기 때문에 비를 맞은 적이 있었던 것을 사용하든가, 한달 정도 물에 담가둔 다음에 이용한다.

2. 모래를 놓는다. 굵고 표면이 거친 모래는 미생물이 번식하기 쉽고, 수질 정화에도 도움이 된다. 3㎜~3㎝ 의 것을 섞어서 사용한다.

3. 녹조류 발생을 억제하기 위해 뿌리에 붙어있는 흙은 어느 정도 물로 씻어낸 다음에 심는다. 비닐포트 채로 담궈 두어도 비료분이 녹아나오지 않기 때문에 좋다.

4. 유목 등으로 만든 받침틀의 한편에 마음에 드는 식물을 넣어보고 배치를 결정한다. 식물의 키에 고저차를 두어서 꽃과 잎의 모양에 변화가 있도록 만들면 좋다.

5. 배치가 결정되었다면, 전체 균형을 고려하면서 모래를 넣어 심어간다. 식물의 뿌리는 넓게 퍼지도록 하고 근원 부분이 그다지 깊게 묻지지 않도록 모래를 덮어나간다.

6. 심기를 마친 상태. 뿌리에 붙어있던 흙을 털어낸 식물은 약간 활기가 없어져 쓰러지게 되는데, 뿌리가 모래에 묻히고 물을 흠뻑 주면 다시 활기를 되찾는다.

7. 수련화분의 80% 정도까지 조용히 물을 흘려 넣는다. 가능하면 이 상태에서 이틀에서 일주일 동안 수질의 변화를 관찰한다. 탁해지면 분으로부터 물을 넘치게 하여 다시 바꿔 넣는다.

8. 송사리나 백운몰개 등의 물고기를 넣는다. 작은 고기는 수온의 급격한 변화에 약하기 때문에 판매되고 있는 봉지 그대로 수련분의 물에 띄워 놓아 수온과 맞춘 다음 방류한다.

9. 우렁이는 자웅동체이고 점점 늘어나기 때문에 2마리로 충분하다. 물에 뜨는 부초도 더해주면 수온의 상승을 막고, 미니 생태계의 네트워크도 보다 복잡해지므로 안정되기 쉽다.

10. 햇볕이 좋은 장소에 둔 물확의 미니 워터 가든. 키가 큰 마디풀, 황색의 꽃을 피우는 금불초, 하얀 꽃을 피우는 붉은골풀아재비, 아마존 프로그비츠 등 양지를 좋아하는 수초는 그 종류가 풍부하다.

송사리가 헤엄치는 모습은 시원하다. 우렁이는 미니 워터 가든의 청소부 역할을 한다. 민물새우 등도 녹조류를 잡아먹기 때문에 도움이 된다.

열대어집에서 팔고 있는 백운몰개나 고둥은 의외로 추위에 강하고, 집 밖에 내어 놓은 수련화분에서도 월동이 가능하다. 백운몰개는 물상추를 먹는다.

나비가 찾아오는 정원 만들기

사람들은 흔히 "꽃에는 나비"가 가장 잘 어울린다고 말하지만, 꽃의 입장에서는 우아한 나비보다는 열심히 꽃가루를 옮기는 벌을 더 좋아하는 것 같습니다. 대표적인 어떤 야생식물의 꽃 90% 정도는 나비가 아니라 실은 벌과 꽃등에만을 불러들이고 있답니다. 따라서 정원에 꽃이 만발해도 생각만큼은 나비가 오지 않을 수 있습니다. 여러 가지 아이디어를 동원해 곤충들을 따로따로 부르는 식물의 지혜를 잘 이용하면서 정원을 디자인 하는 것이 나비를 부르는 정원 만들기의 비결 중 하나입니다.

원예식물 중에는 보기에는 아름다워도 꽃가루와 꿀도 없고 향기마저 잃어버린 종류도 꽤 있습니다. 나비와 곤충을 부르는 비결은 먼저 홑꽃의 종류를 선택하는 것입니다. 겹으로 피는 꽃에는 꿀이나 꽃가루가 적은 경우가 많기 때문입니다. 또 하나는 먹이풀로 부르는 방법입니다. 알을 낳을 수 있는 여지는 제한되기 때문에 거의 확실하게 나비를 부를 수 있습니다. 나방을 싫어하는 사람은 먹이풀을 심지만 않으면 나방과의 대면을 피할 수 있습니다.

꽃으로 나비를 부른다

위쪽을 향해 피는 접시형의 꽃은 작은 나비를, 통형으로 피는 커다란 홑겹의 꽃은 큰 나비를 불러들입니다. 그리고 햇볕이 드는 곳이라면 철쭉류를, 그늘이라면 상록성 철쭉을 심는 것처럼 환경에 맞춘 활용 방법을 생각하는 것도 포인트입니다.

봄망초에 머물고 있는 노랑나비. 벌개미취는 이제는 상당히 흔해졌습니다만, 식물이 적은 도시에 피는 꽃이 귀중한 밀원이 아닐 수 없습니다. 잘 남겨서 정원 만들기에 활용하는 것도 효과적입니다.

습원과 가까운 곳에서 벌을 불러들이는 담배대엉겅퀴. 암검은표범나비도 상당히 잘 찾아옵니다. 봄에 피는 엉겅퀴나 가을에 피는 바늘엉겅퀴의 원예품종인 섬엉겅퀴도 인기 있는 꽃입니다.

습원에 피는 중나리 뿐 아니라 참나리나 원추리와 같은 백합류들은 아래로 향하는 꽃이지만 긴 수술이 앉을 곳을 제공하기 때문에 호랑나비 종류가 찾아옵니다.

등골나물 종류들은 왕나비(사진)나 암검은표범나비를 특히 잘 불러 모으는데, 꿀 성분이 수컷의 성숙에 필요하기 때문입니다. 벌등골나물과 등골나물류도 불러 모을 수 있습니다.

호랑나비 종류가 가득 찾아온 거지덩굴. 잘 보면 귀여운 꽃입니다만 정원에 심으면 세력이 너무 왕성해지기 때문에 이용하려면 약간의 용기와 아이디어가 필요합니다. 트렐리스에 올리면 의외로 우아하게 보입니다. 사진의 나비는 청띠제비나비입니다.

보라색의 유혹, 버베나. 우아하게 바람에 흔들리고 있는 버베나는 병충해를 모르기 때문에 그저 심어 두기만 하면 매년 꽃을 피우는 훌륭한 식물입니다. 게다가 포기 나누기나 떨어진 씨앗만으로도 간단히 번식시킬 수 있습니다. 지피식물로 사용할 수 있는 포복성 품종을 섞어서 이용할 수도 있는 우수한 밀원입니다. 오늘은 산호랑나비가 찾아왔군요.

따뜻한 지방이라면 거의 일년 내내 피는 란타나는 겨울을 성충으로 지내는 은점표범나비의 식당입니다. 번식시키려면 이른 봄에 서리를 맞은 가지를 잘라오는 정도의 노력만 하면 됩니다.

정말로 다양한 종류의 나비를 불러 모을 수 있는 과꽃은 비오톱 가든의 효자입니다. 색깔도 여러 가지이고, 특별히 번식시킬 필요도 없습니다. 청띠제비나비가 꿀을 먹으러 왔습니다.

나비의 나무라고도 불리는 부들레아는 나비정원의 주역입니다. 그러나 산간지역에서는 야생화하기 쉽기 때문에 주의해야 합니다. 기왕이면 야생의 부들레아를 사용하는 것이 좋습니다.

사계절 꽃피는 성질이 강하며 겨울 정원을 물들여주는 유리옵스데이지도 겨울을 성충으로 보내는 은점표범나비가 상당히 좋아하는 편입니다. 따뜻한 지방이라면 음지에 심어도 좋습니다.

나비를 부르지 않는 꽃들

장미의 겹꽃 품종은 수술도 화변으로 변화해 꽃가루마저 충분히 이용할 수 없습니다. 열매도 즐길 수 있는 도그 로즈(dog rose)를 비롯한 홑꽃 품종을 권합니다.

미나리과의 식물은 회화나무처럼 극단적으로 편평한 구조의 꽃이 달리기 때문에 빨대로 빠는 구조의 입을 가지고 있는 나비에게는 인기가 없습니다.

매발톱꽃과 은방울꽃처럼 아래를 향해 피는 꽃은 멀리까지 날아다니는 꿀벌만을 상대로 하고 나비는 불러 모으지 못합니다.

벌의 체중으로 잎의 입구를 여는 리빙스턴데이지 종류도 특이한 것입니다. 싸리나 클로버는 약간 방어가 허술하여 줄꼬마팔랑나비 등에게 꿀을 빼앗기고 있습니다.

먹이풀로 나비를 부른다

나비의 유충들은 극단적인 편식가들 뿐입니다. 좋아하는 먹이풀만을 제한적으로 심어두면 상당히 자유롭게 선별적으로 나비를 불러들이는 것이 가능합니다. 몇 종류를 분산시켜 심어두면 유충의 대발생을 억제할 수 있습니다. 나비의 종류별로 먹이풀을 소개하겠습니다.

10) 나가사키호랑나비와 크로마티제비나비는 우리나라에는 분포하지 않는 종류임

뿌리칠 수 없는 먹이풀의 유혹 _ 레몬의 새싹에 산란하는 호랑나비. 그 외에도 감귤과를 좋아하는 종류로는 숲 주변을 좋아하는 양지의 정원에서도 볼 수 있는 남방제비나비, 무늬박이제비나비, 나가사키호랑나비[10] 등이 있습니다. 크로마티제비나비는 온난화에 따라 분포지역이 확대되고 있으며, 최근에는 동경에서도 번식하는 것이 발견되었습니다.

호랑나비

호랑나비는 감귤과의 식물을 좋아합니다. 햇볕이 쬐는 곳이라면 레몬이나 금귤, 광귤, 하사쿠귤, 참귤, 홍귤, 탱자나무나 수영 등이 알맞고, 그늘이라면 사진과 같은 초이사나 월귤, 산초, 스키미아 자포니카(Skimmia japonica) 등을 심습니다. 수변에서는 상산(Orixa japonica) 등을 이용할 수 있습니다.

청띠제비나비

청띠제비나비는 가로수로 심는 녹나무를 이용하여 도심에서 번식하고 있습니다. 사진의 참식나무 외에 녹나무과의 월계수나 털조장나무, 새손이나무, 오약도 먹을 수 있습니다.

번데기입니다. 어디에 있는지 보이시나요? 대부분의 나무는 천적으로부터 자신을 보호하기 위해 번데기가 될 때쯤에는 먹이풀을 멀리합니다만 청띠제비나비는 뛰어난 보호색으로 숨어있습니다.

산호랑나비

산란중인 산호랑나비. 좋아하는 미나리과의 식물들은 해변에서 고산까지 자라고 있습니다. 햇볕이라면 레이스플라워나 에린기움, 회향, 인삼, 파셀리 등을 권합니다.

신선초의 꽃봉오리를 먹고 있는 산호랑나비의 유충. 그늘에서는 파드득나물과 무늬 산미나리, 신선초가 좋고, 수변이라면 미나리나 흰꽃가지나물, 어수리, 전호 등이 먹이풀로 이용될 수 있습니다.

산초의 잎을 먹고 있는 호랑나비의 유충. 제비나비는 머귀나무와 황백나무 등 새의 배설물로부터 싹이 트는 야산의 식물도 먹을 수 있습니다.

46

배추흰나비 종류

양배추에 묻어서 일본에 온 귀화곤충인 배추흰나비. 갯무의 꿀을 빨러 왔습니다. 밝게 열린 풀밭을 좋아하고 순무, 브로컬리, 양배추, 미나리냉이 등의 재배식물에 즐겨 산란합니다.

님빙노링나비 종류

정원에 찾아온 남방노랑나비. 싸리나 자귀나무, 아카시아 등 콩과식물에 알을 낳습니다. 몇 년동안 부르지 못했는데 싸리에 화분을 갖다 놓은 다음날 찾아와서 먹이풀의 위력에 놀란 경험이 있습니다. 땅비싸리로도 부를 수 있습니다.

날개에 때가 묻은 듯한 줄기가 있는 것이 큰줄흰나비입니다. 예전부터 일본나비의 주인공입니다. 유채과의 잡초를 좋아해서 개갓냉이에 알을 낳으러 왔습니다. 그늘을 펄럭펄럭 날아다닙니다.

공원의 잔디에 자라는 붉은 토끼풀이나 클로버를 먹이로 하면서 도시에서 급격하게 증가하고 있는 것이 노랑나비입니다. 정원에 부른다면 카틀레아 클로버를 심는 것이 권할 만 합니다.

어떤 나비라도 좋아하는 것이 바로 이 크레송입니다. 역시 유채과의 식물을 가장 좋아하는 것 같습니다. 큰줄흰나비는 떫은 맛이 강한 풀을 좋아해서 한 련에도 산란합니다.

남방부전나비 종류

풀베기를 하면 동시에 씨앗이 튀어 날아가는 괭이밥을 먹이풀로 하는 것이 이 남방부전나비입니다. 먹이풀의 생명력 때문에 도시에서도 돌아다니는 것을 볼 수 있습니다.

화단용의 유채과 식물로서는 꽃양배추를 빼놓을 수 없습니다. 알리섬과 월플라워, 서양말냉이 외에 냉이나 소래풀도 대단히 좋아합니다.

근처에 괭이밥이 없다면 옥살리스 등을 먹이풀로 이용할 수도 있습니다만, 괭이밥이 자라지 못하는 장소는 거의 없지요.

작은주홍부전나비

허브 종류인 스위트베이즐에 산란하러 온 작은주홍부전나비. 마디풀과의 수영과 소리쟁이, 귀화식물인 애기수영 등을 먹이풀로 하고 있기 때문에 공공예산이 줄면서 관리가 소홀해진 공원의 잔디밭 등에 늘어나기 시작한 잡초를 먹으며 도시로도 진출하게 되었습니다.

소리쟁이(사진)나 수영은 논둑길이나 좁은 초지, 도로가 등에서 흔히 발견되는 풀인데 정원에서 재배한다면 수프나 샐러드에 사용할 수 있는 스위트베이즐을 권할만 합니다.

작은멋쟁이나비

금떡쑥에 산란하고 있습니다. 지금까지는 국화과의 쑥이나 떡쑥을 먹이풀로 해왔지만 일본에서는 귀화식물인 금떡쑥도 이용하게 되어 쑥이 나지 않는 도시로도 진출하고 있습니다. 그렇다면 이제는 제초도 적당히 해야 될 것 같습니다.

암끝검은표범나비

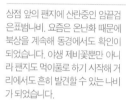

상점 앞의 팬지에 산란중인 암끝검은표범나비. 요즘은 온난화 때문에 북상을 계속해 동경에서도 확인이 되었습니다. 야생 제비꽃뿐만 아니라 팬지도 먹이풀로 하기 시작해 거리에서도 흔히 발견할 수 있는 나비가 되었습니다.

제비꽃을 먹고 있는 유충(나가노현에서 촬영). 암컷은 독이 있는 끝검은왕나비와 닮았지만 독이 없습니다. 수컷은 표범나비와 비슷하게 생겼습니다.

은색잎 계열의 가드닝 소재로서 인기 있는 아르테미시아(사진)나 허브 일종인 타라곤, 수레국화, 시네러리아, 쑥국화, 헬리크리섬 등도 먹이풀로 이용할 수 있습니다.

모시나비

모시나비의 먹이풀은 마을 산이나 논길에 자라고 있는 자주괴불주머니(사진)와 현호색입니다. 자주괴불주머니의 씨앗은 그 다음 해 봄에 발아 할 수도 있기 때문에 인내가 필요합니다.

홋카이도의 해안에서 발견한 흰쑥에 유충이 붙어 있습니다. 가끔 우엉밭에서 많이 발생하기도 합니다. 이 흰쑥은 실버리프 소재로서도 상당히 좋습니다.

이래 뵈도 제비나비의 일종입니다. 모시나비는 북방계의 나비이기 때문에 남쪽에서는 분포가 한정됩니다. 초여름에 먹이풀 아래 떨어진 마른 잎 등에 산란하고, 부화는 그 다음 해 봄에 합니다. 너무 말끔히 정원을 청소하면 곤란하지요.

마음에 드는 나비를 부른다

화단이 만들어지면 또 한 가지 고려를 해야 합니다. 숲에 있는 나무들에 날아오는 남방제비나비나 큰줄흰나비, 숲 속을 좋아하는 청띠신선나비 등을 위해서 나무를 심어보는 겁니다. 월동을 할 수 있도록 낙엽을 쌓아놓고 먹이대나 수변을 만들어주는 것을 비롯해 할 수 있는 일은 많이 있습니다.

수액 _ 숲에서 사는 왕알락그물나방, 굴뚝나비나 왕오색나비, 먹그림나비, 흑백알락나비 등은 상수리나무나 졸참나무의 수액을 매우 좋아합니다. 벌꿀과 술, 식초를 섞어서 나무에 발라두고 불러들이는 방법도 있습니다.

햇볕쬐기 _ 록가든에서 햇볕쬐기를 하는 흰점팔랑나비. 이 나비는 먹이가 되는 매실나무나 이스라지로부터 멀리 떨어지지 않습니다. 남측의 개방된 돌바닥이나 록가든에는 성충으로 월동하는 네발나비나 큰멋쟁이나비, 청띠신선나비 등도 햇볕을 쬐러 옵니다. 겨울에 밀원도 잊지 말고 심도록 합시다.

물 _ 수변에 찾아온 청띠신선나비. 물을 뿌리거나 소변을 누면 여러 가지 종류의 수컷 나비가 찾아옵니다. 미네랄 성분이 나비의 생속에 필요하기 때문이라는 설도 있습니다. 새의 배설물에 팔랑나비가 찾아오거나 땀 냄새를 맡고 은점표범나비가 찾아오기도 합니다.

과실 _ 떨어진 감 열매에 찾아온 네발나비. 청띠신선나비를 비롯해서 은점표범나비들과 네발나비 등도 과실로 부를 수 있습니다. 감나무과 무화과나무를 심는다든지 먹이대에 바나나를 놓아두는 방법도 있습니다.

키친가든풍의 비오톱 가든
Kitchen Garden

장미는 분명 아름다운 꽃이지만, 해당화나 도그로즈라면 향기와 열매를 함께 즐길 수 있습니다. 벚꽃도 좋지만 능금이나 앵도나무 꽃이라면 지지 않을 정도로 뽐을 내며 핍니다. 꽃보다는 과실이라고 합니다만 꽃과 과실이 함께 있는 생활을 만끽할 수 있는 것이 키친가든의 매력입니다. 영국의 동화나 민요에는 "반은 요정들을 위해 남겨둔다"는 말이 있습니다. 새도 찾아오고 곤충도 올 수 있도록, 정원의 수확을 독점하지 말고 반은 정원의 다른 주인들에게 나눠주십시오.

그들이 만들어 내는 생명의 복잡한 네트워크는 분명 정원의 병충해를 줄여주고 풍요로운 결실을 약속해 줄 것입니다. 과실을 노리고 오는 새들의 식욕이 지나치게 증가했다면 먹이대를 만들어 주십시오. 작은 채소의 부스러기나 과일 심지까지도 분명 기쁘게 먹을 겁니다. 새집을 매다는 것도 잊지 마세요. 씨앗을 좋아하는 박새와 참새는 새끼를 키울 때쯤이면 많은 곤충을 잡아준답니다. 애벌레로 환산해, 하루에 200마리 이상이나 된다고 하네요.

아름다움만으로는 재미가 없습니다. 맛있게 생활해 보세요
작은 나비나 벌들을 부르는 들깨 꽃도 귀엽습니다. 들깨나 주름소엽은 양지나 그늘에서도 건강하게 자라주기 때문에 정원 소재로 이용하면 일석이조입니다. 떨어진 씨앗은 새들의 귀중한 먹이가 되기도 합니다. 콜레우스도 좋지만 들깨도 대단히 좋습니다.

습한 곳을 좋아하는 민트가 수도 주변을 가득 차지하고 있습니다. 물을 틀 때마다 상쾌한 향기가 납니다. 작은 꽃을 듬뿍 달고 있는 꽃대는 꿀벌들과 작은 나비들을 불러들이고, 열매도 곧잘 달립니다.

사계절 꽃이 피는 성질이 강하고 향기가 좋은 과일이 많이 열리는 야생딸기. 먹을 만큼 따고 얼마간은 새들을 위해 남겨놓는 것이 좋습니다. 새들은 그 대가로 해충을 잡아준답니다.

미나리냉이꽃도 샐러드 재료로 이용할 수 있습니다. 이런 식으로 꽃대가 서면 잎이 뻣뻣해지기 때문에 이파리는 배추흰나비나 큰줄흰나비에게 선물하세요.

모나르다와 오레가노의 꽃이 한창입니다. 블루베리와 도그로즈도 가지가 휠만큼 열매가 맺었습니다. 두근거리는 것은 사람만이 아닙니다. 새들도 곤충들도 정원에 모여듭니다. 생물들의 복잡한 네트워크가 키워지는 계절입니다.

아티초크(양엉겅퀴)

아티초크는 매년 거대한 꽃을 즐길 수 있는데, 꽃봉우리일 때 수확해 먹습니다. 꽃이 피면 그대로 열매를 맺기 때문에 커다란 섬모가 붙은 종자를 방울새들이 먹으러 옵니다. 가을에 뿌리 쪽부터 몇 개의 싹이 올라오기 때문에 포기 나누기로 증식합니다.

치커리

샐러드 재료나 위장에 좋은 채소로서 친숙한 치커리는 싹이 나올 무렵 흙을 덮어서 배추와 같이 갈무리합니다. 정원에서 즐긴다면 새잎을 먹을 수 있는 만큼 수확하면 좋습니다. 나비나 꿀벌을 부르는 파란 꽃은 샐러드와 섞어서 먹어도 좋습니다.

두메자운

꿀벌을 부르는 두메자운은 일년초인 섬머 세보리와 숙근초인 윈터 세보리를 같이 심으면 병해충을 예방할 수 있습니다. 유럽에서 세보리는 콩의 허브로 유명하여 콩 요리에 사용하면 풍미를 더해주고 장내 가스 발생을 억제해준다고 합니다.

브로컬리

수확기를 놓친 브로컬리에는 이렇게 많은 꽃이 핍니다. 꼬투리가 익어서 터질 때까지 두면 방울새나 박새도 즐겨 먹으려 찾아옵니다. 수확한 열매를 수경재배로 발아시킨 새싹에는 항암작용이 있다고도 합니다.

세파(자이브)

샐러드에 넣으면 맛이 있는 세파의 꽃은 배추흰나비와 청띠제비나비를 불러들입니다. 장미와 배나무, 매실, 사과나무의 흑성병 발생을 억제해주기 때문에 과일나무 아래에 재배하면 좋습니다. 양배추와 토마토의 진딧물을 줄여주는 트랩(trap)식물이 되기도 합니다.

이탈리안 파셀리

처음으로 허브를 심는다면 이탈리안 파셀리부터 시작하는 것이 좋을 정도로 튼튼합니다. 보통 파셀리보다 향기가 강하고 오믈렛에 넣거나 샐러드에 섞을 때 빠지지 않습니다. 산호랑나비의 유충도 대단히 즐겨 먹기 때문에 몇 개소에 몇 주만 모아 심고 일부는 유충들에게 나눠줍니다.

칼리플라워(녹색꽃양배추)

"산호초 또는 로마네스코"라고 불리는 품종입니다. 칼리플라워도 수확기를 놓치면 엄청나게 많은 꽃을 피웁니다. 하얀 봉오리가 꽃봉오리로 변화해 가는 것은 매우 볼만합니다. 열매가 달리면 새들에게도 먹이가 됩니다.

미니토마토

절반은 새들에게 선물해도 좋을 정도로 열매가 많이 열려서 정원에 꼭 심고 싶은 미니토마토. 재배는 보통 토마토보다 훨씬 간단합니다. 황색 품종도 있기 때문에 몇 종류를 심으면 가을이 끝날 무렵 수확할 수 있습니다. 한련화를 같이 심으면 진딧물의 피해로부터 막아줍니다.

풍겐스 보리밥 나무(Elaeagnus pungens)

햇볕이 잘 들기만 하면 그대로 심어두어도 매년 맛있는 열매가 많이 달립니다. 봄에 빨간 열매가 달리는 종류가 의외로 적기 때문에 효과적으로 새를 부를 수가 있습니다. 무늬가 들어간 품종도 이용해 볼만 합니다.

올리브

평화의 상징인 올리브는 일조가 좋고 물 빠짐이 좋은 장소를 좋아합니다. 품종에 따라 열매가 달리지 않는 불완전화가 많은 나무도 있기 때문에 구입할 때는 열매 달림이 좋은 것을 선택하기도 합니다. 두 품종을 같이 심으면 확실히 수확할 수 있습니다. 많은 새들을 위해 선물하십시오.

레몬

따뜻한 지방에서는 노지에서 월동할 수 있지만 걱정스러울 때는 보온 덮개를 씌우면 서리 피해로부터 막을 수 있습니다. 향기가 좋은 꽃은 호랑나비 종류와 꿀벌을 불러 모으며, 물론 잎은 호랑나비나 남방제비나비 유충의 먹이풀이 됩니다.

삼색 세이지

"건강하게 살고 싶다면 세이지를 심어라"라고 할 정도로 잘 알려진 몸에 좋은 허브입니다. 식물의 병을 숫여주는 효과도 뛰어납니다. 유채과의 채소로 배추흰나비가 알을 낳는 것을 막아주며, 맛과 향도 풍부하게 해줍니다. 퍼플 세이지도 정원을 장식하는데 권할만 합니다.

정원의 수목은, 따뜻한 지방이라면 레몬과 올리브, 페이조아 등을, 시원한 지방에서는 서양배나무나 까치밥나무를 권장합니다.

퍼골라나 트렐리스에는 미니 토마토가 재미있습니다.

1년 내내 아름다운 상록성 멀꿀나 거의 관리가 필요 없는 라즈베리와 블랙베리도 권할 만 합니다.

햇볕이 좋은 장소에는 허브류를 중심으로 하는 것이 좋습니다. 아티쵸크와 모나르다는 나비나 꿀벌을 부르며 향기가 좋은 베이즐과 레몬유카리를 창가에 두면 모기를 쫓기도 합니다.

블루베리와 아름다운 무늬가 들어간 품종을 권할 수 있는 풍겐스보리밥나무는 햇볕이 좋은 곳이라면 많은 열매가 달립니다. 꽃에는 꿀벌과 꽃등에가, 열매에는 새들이 찾아옵니다.

녹색꽃양배추와 루코라에는 배추흰나비와 큰줄흰나비가, 훼넬과 파셀리, 샐러리 등을 심어놓으면 호랑나비가 알을 낳으러 옵니다.

그늘에는 잎이 아름다운 비비추를 심어 봅시다. 많이 심어놓으면 산채로서도 즐길 수 있습니다.

표고버섯이 자라는 나무. 딱정벌레 종류도 불러 모을 수 있습니다.

모기의 서식처가 되기 쉬운 연못 주변에는 페니 로열민트나 스피아민트 등의 민트류를 심고 그레코미를 심어서 모기를 쫓습니다.

작은 연못이라면 배추흰나비나 큰줄흰나비가 좋아하는 크레송, 호랑나비가 좋아하는 파드득나물 등을 권합니다. 넓은 연못 속이라면 연꽃이나 가는보풀, 순채 등도 좋습니다.

밝고 건조한 정원에서는 키친가든풍이 적합합니다. 나비와 꿀벌을 부르는 꽃이 피는 기간에는 야채나 허브, 과일류를 심고 아이들과 함께 친근한 새들과 나비, 나방 등을 관찰해 봅시다.

채소는 한 종류만 모아서 심으면 안 됩니다. 병과 해충이 순식간에 퍼지게 됩니다. 들에서 자라고 있는 꽃처럼 여러 가지 식물들로 다채롭게 심어봅시다. 꽃이 피는 기간부터 얼굴을 내미는 양배추나 칼리플라워도 애교 있는 식물입니다. 허브를 다 잘라내지 말고 남겨 꽃을 피게 하거나 열매를 맺도록 하면 벌과 새가 이용하게 됩니다.

가정 채소원은 새나 곤충과의 싸움입니다. 하지만 직접 먹을 것이므로 농약을 치는데도 신경 쓰지 않을 수 없습니다. 나아가 생태계 균형을 활용하여 그들과 가깝게 지내기 위해 무엇인가 해나갈 수는 없을까요? 꾸물거리기만 하면 아무 것도 달라지지 않습니다. 지금 시작해야 합니다. 구멍 뚫린 채소나 나무 열매는 누가 뭐라고 해도 무농약의 증거입니다. 상점에서 팔지 않는, 돈 주고도 살 수 없는 행복을 누려 보십시오.

곤충들을 초대해 수확의 즐거움을 주자

작은 나비나 꿀벌을 불러 모으는 타임, 세이지, 로즈마리, 양파, 쑥국, 메리골드나 마늘, 대황 등은 상생식물(companion plant)이라고 불리며 병해충을 줄여줍니다. 식용 꽃들 사이에 심어보세요. 민트류나 라벤다, 캐모밀 등 작은 꽃도 작은 나비나 꿀벌을 불러 모을 수 있습니다. 한 종류만을 재배할 때보다 꽃가루 번식 가능성이 높아져서 수확의 즐거움을 맛볼 수 있을 겁니다.

키친가든 풍이라고 하면 역시 햇볕이 중요합니다만 그늘정원에서도 즐길 수 있습니다. 호랑나비나 남방제비나비를 부르는 감귤과 식물로는 산초나무와 금귤이, 호랑나비를 부르는 미나리과로는 신선초나 파드득나물이, 배추흰나비와 큰줄흰나비를 부르는 유채과로는 모래냉이가 이용하기 쉬울 겁니다. 새를 부르는 산딸나무는 반그늘 쪽이 활력 있게 자라며, 눈까치밥나무는 더위에 약하기 때문에 더운 지역에서는 그늘에 심는 것이 무난합니다. 치자나무는 홑꽃 품종을 심는 것이 귀엽게 생긴 열매를 수확할 수 있습니다. 호프나 쐐기풀과의 꼬리쐐기풀에는 큰멋쟁이나비나 네발나비, 추운 지방이라면 팔랑나비 등도 찾아올지 모릅니다. 햇볕이 드는 정원에서는 나비의 유충들이 매우 좋아하는 채소가 많이 있습니다. 미나리과의 파세리, 챠빌, 훼넬, 샐러리, 마늘, 인삼에는 호랑나비가 알을 낳으러 옵니다. 그리고 로렐에는 청띠제비나비가, 유채과의 크레송, 미나리냉이, 양배추, 브로컬리, 칼리플라워에는 배추흰나비나 큰줄흰나비가, 한련에는 큰줄흰나비가, 수영에는 작은주홍부전나비가, 잠두와 팥에는 물결부전나비가 알을 낳으러 옵니다.

허브 열매로 새를 부른다

블루베리나 블랙베리, 라즈베리, 올리브, 페이조아는 직박구리나 동박새, 쇠찌르레기 등이 좋아하는 것들입니다. 허브류나 벼과의 잡초 열매는 참새나 방울새가 대단히 좋아합니다. 귀엽게 생긴 이삭이 나오는 카나리새풀과 같은 목초와 섬세한 방울새풀, 공간적 여유가 있다면 라이그라스나 밀도 조금 심어보면 정원에 야생적인 풍경을 더할 수 있을지 모릅니다. 해바라기와 순무, 카모밀 등도 꽃이 끝났다고 베어버리지 마세요. 열매가 달리기를 기다리는 새들이 있으니까요.

독이 있는 식물에 주의

꽃이 아무리 아름답다고 하더라도, 독이 있는 식물을 키친가든에 함께 심지 않도록 주의하세요. 예를 들면 스위트피를 심을 때에는 완두나 메부리콩과 한 장소에 섞어 심지 말아야 합니다. 스위트피 열매를 잘못해서 먹게 되면 라티리즘(lathyrism: 갯완두중독)증으로 불리는 뼈에 후유증이 남는 중독 증상을 일으키게 됩니다. 이 독은 새들에게도 위력을 발휘하기 때문에 모르는 사이에 그것을 먹어버린 새들도 연쇄적으로 중독됩니다.

디기탈리스는 캄프리와 가까이 심지 말아야 합니다. 갈라진 잎 때문에 추리소설의 소재가 될 정도입니다만 실제로는 그리 닮지 않았습니다. 혹시 잘못해서 디기탈리스를 먹게 되면 치명적인 위험성이 있기 때문에 주의하여야 합니다. 식용이면서도 의외로 위험한 것이 황마입니다. 열매에도 독이 포함되어 있지만, 꽃이 피는 시기를 넘긴 후에 수확할 때는 열매 꼬투리와 뿌리도 포함되지 않도록 하여야 합니다.

수확해 먹을 시기가 된 아티쵸크. 약간 쓴맛은 간 기능을 강화해준다고 합니다. 5월에 파종하면 다음해 봄에는 거대한 꽃을 즐길 수 있습니다.

작은 새가 찾아오는 정원 만들기

도시의 정원에서는 주로 부드러운 열매를 좋아하는 직박구리나 동박새, 쇠찌르레기와 딱딱한 종자를 좋아하는 박새나 참새, 쇠찌르레기, 산비둘기 등이 공존합니다. 물론 도시에서 살아남기 위해서는 느티나무의 싹이나 화단의 꽃, 플라타너스 열매, 허브류나 귀화식물의 종자 등 무엇이든 먹이로 하는 것 같습니다. 시험 삼아 심어본 메탈릭 블루의 열매가 달리는 백당나무도 순식간에 먹어치웁니다. 란타나의 열매는 손이 많이 가서 인기가 없지만 꽃고추와 미국자리공, 광나무는 도시에서 구할 수 있는 먹이의 몇 번째 순위에 들어갑니다.

야생식물 대부분이 사라지고 있는 도시에서 야생 조류가 살아남기 위해서는 강한 도전정신이 불가결할 것입니다. 그들에게 위협이라면 역시 까마귀입니다. 새집을 사용하지 않는 직박구리나 동박새, 산비둘기는 전정이 된 가지들로 채워진 키가 3m도 안되는 정원목이나 사람들의 통행이 많은 상점가 가로수에 집을 만들고 까마귀로부터 자신을 보호하고 있습니다.

하마나고(浜名湖) 꽃박람회에 출품한 '공존의 정원'의 완성 전부터 숨어든 멧새. 완전히 세력권을 형성해버려서 기세 좋은 목소리로 지저귀고 있습니다. 관리 작업 때문에 방문하면 이번에는 무슨 열매를 먹는지 궁금해졌습니다. 그 자세를 사진에 담아 볼까요. "하나 둘 셋! 찰칵"

어느 사이엔가 정원석이 흰배지빠귀의 쉼터가 되었습니다. 나무 그늘에 머물며 낙엽 아래에 숨어있는 곤충을 열심히 찾다가 이곳으로 돌아오곤 합니다.

도시에서도 볼 수 있는 작은딱따구리. 나무를 두드리는 소리가 들려옵니다. 가까이에 마을 산이 있는 곳에서는 조금 큰 몸집의 큰오색딱따구리와 청색딱따구리도 찾아옵니다.

나무와 풀의 열매로 새들을 부른다

새들이 먹이대 만을 의지하지 않고, 좋아하는 나무 열매나 풀의 종자로 살아갈 수 있도록 여러 가지 나무를 심어두는 것이 좋습니다. 그들이 굶지 않고 살 수 있게 겨울철 정원 관리를 할 때도 종자가 달리는 나무만은 전정하지 말고 남겨 두세요.

시베리아로부터 도시로 찾아오는 겨울 철새인 딱새. 정원관리를 하고 있으면 곤충이 땅을 파고 나오지는 않는지 정찰하러 옵니다. 수컷은 사진처럼 선명한 색깔을 띠고 있으며 머리는 백발과 같습니다.

자두나무와 살구나무, 매실과 복숭아 등 여름철 미각도 빠질 수 없습니다. 높은 가지의 열매는 그대로 새들에게 선물하세요. 떨어진 열매에 모이는 곤충을 노리고 청개구리가 찾아오기도 합니다.

영국풍 정원에서 빠질 수 없는 것이 주목입니다. 붉은 열매는 달고 맛있지만, 가운데 녹색의 부분은 독이 있기 때문에 손대지 않도록 주의하고, 먹었다면 곧바로 뱉아내는 것이 좋습니다.

블루베리는 원래 황무지에서 사는 식물이어서 건조에도 강하며 거의 손이 가지 않는 나무입니다. 두 품종 이상을 같이 심을 것과 비료를 많이 주지 않는 것이 포인트입니다.

붉은 열매도 보기 좋고 단풍도 아름다운 마가목은 시원한 곳을 좋아하는 나무입니다. 남쪽 지방의 베란다나 옥상에서는 너무 덥기 때문에 정원에 심는 편이 활기 있게 자랄 수 있습니다.

옛날에 뽕나무 열매인 오디를 맛보았던 기억이 있나요? 새들이 정원에 찾아오게 되면 어느 사이엔가 싹이 나오거나 합니다. 꽃집에서도 멀베리라는 이름으로 구할 수 있습니다.

감탕나무는 관동 북쪽의 산간 별장지 주변에서 발견됩니다. 근처에 있으면 삽목과 종자로 번식시킬 수 있는데 다른 지역으로는 가져가지 말고 그 지역에서만 즐기도록 합시다.

수세미라는 이름으로도 친숙한 여주. 수확하고 남은 열매는 이렇게 선명한 색깔이 되고, 새들을 불러 모은다는 것을 아셨나요? 조금 남겨두는 것도 재미있을 것 같습니다.

곤충으로 새를 부른다
정원의 흙을 파내면 거기에서 나온 도둑나방이나 풍뎅이와 같은 곤충, 삽주 등을 노리고 쇠찌르레기, 때까치, 노랑지빠귀 등이 찾아옵니다. 구덩이에 곧바로 묘목을 심지 않고 그들에게 식사할 기회를 주면, 훗날 해충의 피해가 줄어들게 됩니다.

열매로 새를 부른다

정원의 허브류나 초화류의 꽃을 제거하지 말고 열매가 맺도록 두면 열매를 좋아하는 박새나 곤줄박이, 참새, 방울새, 산비둘기 등이 찾아옵니다. 마른 줄기의 모습도 정원 풍경의 하나로 즐기는 디자인을 생각해 보십시오.

해바라기는 방울새가 매우 좋아합니다. 꽃이 시들기 시작할 무렵부터 정찰하러 옵니다. 뿌리에서 다른 식물의 생장을 억제하는 성분이 나오기 때문에 섞어 심기 보다는 모아심기를 권장합니다.

길가나 공원의 양미역취 열매를 먹으러 참새가 왔습니다. 딱따구리도 마른 뿌리에 사는 벌레를 들춰 찾아내기도 합니다. 도시 가로에서는 들새의 먹이가 부족하기 때문에 귀화식물을 저기도 신중하게 하는 것이 좋을 것입니다.

공원과 정원에 심거나 하천 변에 남아있는 때죽나무 열매는 박새나 곤줄박이 등이 정교하게 열매를 파내고 먹습니다. 5월에 피는 흰 꽃도 아름답습니다.

흰빰검둥오리는 옥상과 정원의 넓은 연못에서도 번식하는 예가 있기 때문에 백련 꽃이나 크레송, 마디풀류, 방울새풀류 등의 오니멘탈 그라스도 심고 먹이원을 확보해 둡니다.

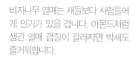

비자나무 열매는 새들보다 사람들에게 인기가 있을 겁니다. 아몬드처럼 생긴 열매 껍질이 갈라지면 박새도 즐거워합니다.

모란 두개 크기가 넘는 아티초크의 열매. 섬모로 둘러싸인 커다란 열매가 새들에게는 매력적입니다. 그대로 자연적인 먹이대가 되기 때문이죠.

티젤(Teasel)이라고도 불리는 식물입니다. 보시는 대로 말라도 나름대로 역할을 발휘하는 풀입니다. 가득 들어찬 열매는 새들을 유혹합니다.

곤줄박이가 나무껍질에 숨어사는 벌레를 잡아먹으러 왔습니다. 박새와 딱따구리, 참새들도 가지 끝이나 줄기에 사는 벌레를 청소해 줍니다. 특히 겨울철에는 먹이가 부족해지기 때문에 그들의 정원 청소는 한층 바빠집니다.

꽃으로 새들을 부른다

꽃가루 번식을 할 때 나비나 벌에 의존하지 않는 꽃이 있다는 사실을 아십니까? 조매화(鳥媒花)라고 불리며 늦가을부터 이른 봄에 꽃들이 피는 매화나 동백이 그런 종류들입니다. 직박구리나 동박새가 주된 손님이지요. 정원에 심으면 활기 있는 겨울을 즐길 수 있게 됩니다.

겨울 꽃의 대표인 동백입니다. 꽃잎에 작은 구멍이 뚫려있다면 동박새가 왔던 흔적입니다. 꽃잎에 매달려 꽃을 빼는 모습을 볼 수 있거나 직박구리의 높은 노래 소리도 들을 수 있을 것입니다. 활기찬 겨울의 한 때입니다.

비파도 겨울 꽃입니다. 보기에는 평범하지만 향기는 놀랄 정도로 좋습니다. 찾아오는 손님은 역시 동박새나 직박구리 등이며 가끔은 휘파람새도 찾아옵니다.

벚꽃입니다. 직박구리와 동박새가 꿀을 먹어 초여름에 열매가 달리는 것을 약속해주며 다른 생물에게도 양분을 제공하지만 최근에는 꿀을 훔치는 참새나 그것을 흉내 내는 박새 등이 등장하여 곤란한 일이 있기도 합니다.

물놀이장으로 새를 부른다

도시의 수변은 수직으로 깊기만 해서 마치 까마귀나 비둘기를 위해 디자인된 듯합니다. 작은 새들이 안심하고 목욕을 할 수 있는 얕은 여울을 찾기 어렵습니다. 때문에 창가에 둔 물 마시는 접시도 간단하게 작은 새들을 불러 모을 수 있습니다.

테라스의 벤치 아래 만들어진 물웅덩이. 직박구리나 박새, 참새들이 드나들며 물을 마시거나 목욕을 합니다. 작은 새들의 다리는 매우 짧기 때문에 이렇게 얕은 물이 그들에게는 고마울 것입니다.

사용하지 않는 파스타 접시에 굵은 모래 등을 뿌려두고 돌 틈에 감춰질 정도로 물을 넣어 둡니다. 매일 물을 갈아주면 어느 사이엔가 작은 새들이 찾아옵니다.

먹이와 집으로 새를 부른다

베란다는 까마귀가 가까이 오지 않는, 들새들을 위한 성역입니다. 햇볕 가림으로 놓아둔 플랜터에 가끔 직박구리나 산비둘기가 집을 짓기도 합니다. 먹이가 부족한 겨울철을 위해서 간단한 먹이대를 놓아두면 재미있습니다.

먹이대는 근처에 있는 것이 가장 좋습니다. 폐품 플라스틱 접시를 두개 준비해서 하나는 미끄럽지 않도록 작은 돌을 주워와 물을 잔잔하게 채웁니다. 한편에는 작은 새를 위해 껍질이 붙어 있는 곡식과 잡초의 종자를 먹이로 넣어둡니다. 껍질이 벗겨져 있으면 집비둘기가 오기 때문에 주의할 필요가 있습니다.

작은 새를 부르기 위해 정원목의 열매로 만든 리스. 새들이 쉽게 발견할 수 있도록 베란다에 장식해 두세요. 빨간 열매는 먼나무, 녹색은 후피향나무, 검은색은 광나무이며 길가의 조, 양미역취 등도 사용할 수 있답니다.

곤줄박이와 박새를 부르는 땅콩 리스입니다. 가위로 땅콩 껍질 양 끝을 조금 잘라내어 먹기 쉽도록 해두고 행거에 쓰이는 와이어를 끼우는 것만으로 간단하게 만들 수 있습니다.

리스의 소재로는 정원목의 열매나 잡초, 허브류의 씨앗 등 무엇이든 시도해볼 수 있습니다. 기초가 되는 것으로서 작은 가지와 울타리를 조금 사용합니다. 둥지 소재로는 마를 사용할 수도 있습니다. 고무밴드나 가위도 준비해 두세요.

페트병 먹이대는 어떨까요? 나뭇가지를 잘라서 앉을 수 있는 횟대를 만들고, 손잡이를 끼워서 늘어지게 하면 무거운 집비둘기는 머물지 못합니다. 가운데 넣어둘 것으로는 해바라기씨 등을 권합니다.

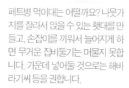

같은 종류의 소재를 고무줄로 묶고 뒤에서부터 아래쪽으로 묶으면서 붙여갑니다. 고무줄로 묶어두면 가지가 말라서 가늘게 되더라도 흩어지지 않습니다. 간단하니까 꼭 한 번 시도해 보세요.

횟대로부터 2㎝ 위쪽에 구멍을 뚫습니다. 세로 2㎝, 가로 1㎝ 정도가 알맞습니다. 먹이는 쉽게 꺼낼 수 있도록 하고 흘러넘치지 않게만 하면 됩니다.

일본에서 번식하고 새끼를 기르는 새는 1000여 종류 정도 있지만 새집을
사용하는 종류는 불과 15종류 정도밖에 되지 않습니다. 잘 알려져 있는 박
새, 곤줄박이, 진박새, 참새, 쇠찌르레기, 파랑새, 원앙, 솔부엉이 등입니다.

표준적인 형태의 먹이대도 요즘은 비싸지 않습니다. 작은 접시에 먹이가 되
는 곡식과 물을 세트로 놓아둡니다. 참새가 찾아오게 되면 채소도 함께 줍
니다. 또 과일을 가지에 찔러두면 동박새가 오기도 합니다.

새들의 선물을 정원에 이용한다

새들의 배설물에는 멀리 떨어져 있는 해변이
나 산의 선물인 씨앗이 들어 있습니다. 베란다
의 화분에서 이름을 알 수 없는 희귀한 식물이
의외로 싹트기도 합니다. 그것이 이윽고 꽃을
피우고 열매를 달면 그 식물을 찾아서 또 다른
새로운 손님들이 찾아올지도 모릅니다.

직박구리가 가져온 산으로부터의 선물은 덩굴
배풍등입니다.

너무 맛있어서 새들에게 먹게 하기에도 아까운
장딸기입니다.

울타리 가장자리에 떨어진 새똥으로부터 꽃고추가 번
식했습니다. 뭔가 거저 생긴 기분입니다.

특선 요리재료로 잘 알려져 있는 구기자의
싹은 의외로 싹이 트기 어렵습니다.

일본정원풍의 비오톱 가든
Japanese Garden

일본은 세계적으로 자랑하는 원에 소재의 강국입니다. 외국으로부터는 높은 평가를 받고 있지만, 정작 국내에서는 그 아름다움에 대해서 인식이 낮은 것 같습니다. 일부러 산야를 걸어볼 필요도 없이 거리의 천변 제방을 산보하는 것만으로도 아름다운 정원 소재를 발견할 수 있는데 말입니다. 유럽의 식물재료상으로부터 나오는 카탈로그를 모아보면 억새만 50여 품종이 있어서 놀라게 됩니다. 수크령과 금강아지풀, 깃털양귀비까지 그 아름다움을 높게 평가하고 있어서 잡초란 "그 아름다움을 아직 발견하지 못한 식물"이라는 격언을 다시 떠올리게 됩니다.

그렇지만 그런 것들까지 열심히 정원에 심을 것 없이 쑥부쟁이, 엉겅퀴, 무릇, 피안화, 참나리 등 원예종에 지지 않는 꽃이 셀 수 없을 정도로 많으니, 인근을 산책하면서 종자를 채집하는 재미를 정원 만들기에 추가해 보면 어떨까요? 아이들과 잡목림에서 주운 도토리를 가져와 소중히 키워보면 정원과 함께 고운 마음도 기를 수 있을 겁니다.

정원에 모여든 가을 벌레들, 흔들리는 가을 풀들
전정이 된 관목은 동박새, 휘파람새, 박새 등이 숨기 좋은 집입니다. 흐르는 물 주변의 돌 틈에 뿌리내린 풀숲은 소동물의 은신처 역할을 합니다. 얕게 만들어진 개울물도 들새들의 멋진 물놀이장이 됩니다. 조금 관리가 미치지 않는 정도가 생물들에게는 친근한 정원이 됩니다.

수변에 놀러오는 새들과 정겨운 한때를 나무 그늘과 수로 주변에 일본 숲에 야생하고 있는 식물이 뛰어나게 심어져 있습니다. 하지만 일본 정원의 경우 양식화를 지나치게 추구하면서 소엽맥문동, 석창포만이 눈에 띄기도 합니다. 적극적으로 다양한 종류를 섞어서 화초의 뉘앙스를 깊게 해 보세요.

조릿대를 묶어서 만든 울타리는 곤충과 소동물의 은신처로 사용됩니다. 여러 굵기의 대나무나 억새 등으로 만들어진 담은 장수말벌 등의 집으로 쓰일 수도 있습니다.

금붕어 등의 작은 물고기를 노리고 찾아온 왜가리의 모습은 일본화와 같은 분위기마저 보여줍니다. 사정 거리에 들어올 때까지 꼼짝 않고 있습니다.

비오톱 가든에서 즐기는 식물 일본정원편

서양나팔꽃

서양나팔꽃은 가을이 되면 저녁 무렵까지 지지 않습니다. 홀치기로 물든 색이나 흰꽃 품종도 있으며 휴일 늦잠을 자고 일어나서도 볼 수 있답니다. 나팔꽃과는 달리 느긋하게 피는 것이, 마치 지금 주목받고 있는 〈슬로우 라이프〉의 친구 같지 않습니까?

수국

야생에서는 화산 너덜지대로부터 습원에 이르기까지 다양한 조건에서 생육하기 때문에 건조한 옥상으로부터 그늘의 수변까지 사용할 수 있습니다. 대기와 토양오염에 견디는 성질이 강건한 식물로서 동양, 서양 어느 정원에서도 잘 어울립니다. 하늘소 등의 딱정벌레와 나비를 불러 모으며 정원에서 더욱 많이 이용해 보아야 할 식물입니다.

산딸나무

초여름에 흰 꽃을 시원하게 피우며 동서양풍 어느 정원에도 맞는 산딸나무는 꽃과 열매와 함께 낙엽도 즐길 수 있는 뛰어난 소재입니다. 무늬가 들어간 품종은 정말 구하고 싶은 종류입니다. 햇볕이 쬐는 곳 보다는 반그늘에 심는 것이 활기가 있는 것 같습니다.

산딸나무의 열매

단맛이 나는 산딸나무의 열매는 산의 선물입니다. 레몬과 섞으면 맛이 어우러져서 더욱 좋습니다. 물론 잼이나 샤베트 재료로도 딱 맞습니다. 새들도 매우 좋아하기 때문에 서두르지 않으면 금방 없어져 버립니다.

노루오줌

꽃집에서도 이미 친숙해진 아스틸베의 야생종입니다. 약간 습하고 밝은 낙엽수림과 초지의 경사지에서 흔히 발견됩니다. 근처에 야생 노루오줌이 자라고 있다면, 꽃가루가 운반되어져 잡종화가 생기는 것을 피하기 위해 아스틸베 재배는 하지 않는 것이 좋을지 모릅니다.

사위질빵

숲의 가장자리 등에서 흔히 발견되는 야생 능소화로서 외국에서는 의외로 인기가 있습니다. 동서양풍 어느 정원에서도 사용할 수 있는데 대나무 울타리와 조화시키면 분위기가 나온답니다. 섬모가 붙어있는 열매도 귀엽지요. 근처에서 발견하면 채집해 보세요.

풀싸리

여름 싸리라고도 불리는 풀싸리는 6월부터 10월 사이에 두 번 꽃이 피기도 합니다. 이와 매우 비슷한 싸리나 참싸리는 야산에서 흔히 발견되는 종류로서 애기세줄나비나 남방노랑나비, 푸른부전나비 등의 나비와 귀뚜라미과의 긴꼬리나 풀종다리 등 노래하는 벌레들도 산란하러 옵니다. 정원에 심어두면 어떨까요?

작살나무

새의 배설물로부터 싹이 트기도 하는 작살나무는 개방적인 마을 산에 흔히 있는 식물입니다. 아름다운 곡선을 그리는 가지는 정원을 우아하게 연출합니다. 원예종으로서는 흰작살나무 등이 있지만 마을 산 주변에 있는 정원에서는 이용을 피하십시오.

나도생강

따뜻한 지방의 습한 상록수림 밑에서 자라고 있습니다. 흰 꽃과 메탈릭블루 색조 열매의 콘트라스트가 아름답고 새들에게도 인기 있는 식물입니다. 번식력이 왕성해서 동서양 어느 정원에서도 도입할 수 있는데 그늘 쪽의 정원 소재라고 할 수 있습니다.

백량금

어느 사이엔가 새들이 열매를 물고 왔었던지 정원의 한 구석에 홀연히 나타나는 상록 관목입니다. 일본 정원에 꼭 맞는 소재이기 때문에 발견하면 소중히 길러 주십시오. 이 식물도 따뜻한 지방의 마을산 숲에는 대개 자라고 있는 식물입니다.

일본정원풍의 비오톱 가든 특징과 만드는 방법

여러 굵기의 대나무로
만든 울타리

청띠제비나비의 먹이풀인 녹나무, 후박나무, 산호랑나비를
부르는 베이즐, 호랑나비와 남방제비나비를 위한 스키미아,
유자. 그늘 수변이라면 상산도 좋습니다.

새를 부르는 열매가 열리는 산딸나무, 능금, 앵두, 금귤, 개
야광나무, 이왜나무, 가막살나무, 괴불나무, 동청 등의 관
목을 취향대로 심습니다.

대나무 담과 같은 생울타리도
소동물을 위한 은신처를 제공
합니다.

나뭇가지를 엮어
서 만든 울타리

나뭇가지를 엮은 울타리나
생울타리에 서양나팔꽃과
마삭줄, 남오미자, 하늘타
리 등을 조금씩 엮어두면
더욱 생물들이 이용하기
쉬워집니다.

무성해지도록 보이려면 참억새나 레몬그라스, 베어그라
스, 카렉스 부케야나니(Carex buchananii) 등의 오나멘탈
그라스류와 비누풀, 고사백합, 흰상사화 등의 밀원 식물
들을 조합합니다.

돌밭이나 돌쌓기 담, 정원석을 설치할 때에는 암석정원
의 돌 놓는 방법을 참고로 하여 소동물의 은신처를 많이
만듭니다.

일본풍의 정원에서 외국 식물을 사용하는 것을 두려워 할 필요가 없습니다. 왜냐하면, 유명한 정원에 심어져있는 매실이
나 복사나무, 대나무 등도 실은 외국으로부터 가져온 것이기 때문입니다. 원래 이국적인 식물을 효과적으로 사용하는 것
도 일본정원의 특징이라 할 수 있습니다.

하층 수목으로는 은방울꽃처럼 생긴 꽃을 달고 푸른 열매가 아름답고 단풍도 신선한 블루베리나 메탈릭 블루 색조의 열매
가 달리는 백당나무 등도 사용해 보세요. 자연풍의 식재방법으로서는 완전히 원예화된 마타리나 벌등골나무 등과 함께 버
들마편초(Verbena bonariensis) 사이에 조, 달개비를 넣어 자연스러운 표정을 끌어냅니다. 식재 군락의 가장자리에는 섶 가
지를 다발로 묶어 세워 낙엽을 모으는 장치를 만들어 보세요. 대나무 대롱이나 개울물은 정기적으로 입수구를 열어 신선
함을 유지하고 수온이 확보된다면 계속 흘러가도록 하세요. 근처에 있는 수로로부터 물을 볼 수 있다면 완벽합니다.

예측불가능한 요소를 끌어 들인다

일본풍의 비오톱 가든에서는 항상 자연을 적극적으로 끌어 들이는
장치를 포함시키고 있습니다. 비오톱에서 에코스톡(Eco Stock)이
라고 불리는 고목이나 폐목의 산은, 돌밭이나 돌담, 대나무가지나
잡목 가지를 묶은 담으로 모습을 바꾸어 곤충과 소동물의 은신처
를 제공합니다. 장수말벌용의 죽통 다발도 여러 굵기의 둥근 대나
무와 억새로 조합하면 보기에도 아름답기 때문에 빠지지 않고 배
치되는 것들입니다.

물론 잡초가 살만한 곳도 확보되어 있습니다. 일본풍의 그라스 가

일본정원은 자연풍경의 추상이 그 출발이라는 점에 얽매여서, 구성 식물
의 조합이 정형화되고 사용하는 식물 종류도 한정돼 있는 편입니다. 일본
이 갖고 있는 자연의 다양성을 배제하고 성립하는 셈입니다.

든이라고도 할 수 있습니다. 참억새, 가는억새 사이에 가을 들풀이
피며, 사초나 위핑러브그라스에 섞여 조나 바랭이, 무릇, 쑥부쟁이 등이 얼굴을 내밉니다. 그 한 구석에 들어온 잡초를 선
택적으로 남기고 적극적으로 정원의 소재로 이용하면 어느 사이엔가 멋진 식재 조합이 완성될 수 있습니다.

외부로부터 들어온 예측불가능한 잡다한 요소를 배제하면서도 그것을 정원을 즐기는 요소로 끌어들여 이용하는 것, 그
것이 자연의 힘과 공존하는 방식이기도 하기 때문입니다.

여백을 잊지 말고

그렇다고 해서 정원에 돌아온 자연의 조그마한 부분만을 소중히 여겨, 여백의 미를 잊어버리면 정원이 갖는 환경의 다양
성도 잃게 될 것입니다. 식재에 높낮이를 만든다든지, 가지 틈에 공간을 만들어서 자연스러운 표정을 이끌어내는 '비움'
기법이 만드는 바람과 빛의 길은 생태학적으로 갭(gap)으로 불리는 환경의 불연속을 만들며, 제한된 면적의 정원에서도
다양한 은신처를 만들어내는 역할을 하게 됩니다. 풍경의 전개를 수목으로 가리는 차폐기법도 사람과 생물 사이에 완충
기능을 하며, 정원에 놀러온 생물들이 안심하고 살 수 있는 장점을 만들어 냅니다.

단조로움을 추구하며

일본의 자연 다양성은 세계에서 예를 찾아보기 힘들 정도라 해도 과언이 아닙니다. 숲 속을 10m 사방으로 구획하여 조사
해보면 잘 관리된 주변 산인 경우 30~80종 가까운 식물들을 찾을 수 있는 것도 흔한 일입니다. 5~10개종 정도인 독일이나
영국의 숲과는 수적으로도 매우 차이가 큽니다. 때문에 일본에서는 수개월 정도를 눈을 떼고 있으면 인공물이 자연 속에
묻혀버리고 맙니다. 때문에 절이나 신사에서는 흰모래 정원으로 대표되는 바와 같이 정원 만들기가 항상 자연을 배제하
는 방향으로 표현되어 온 것입니다. 그와 같은 예가 끊임없이 잡초 제거에 노력을 유지해야하는 정원입니다. 일본 정원에
서는 자연을 추상화하고 심화해가는 과정으로서 이용 식물도 상징성을 갖게 하고 정형화하여 종류도 한정된 수로 줄였
습니다. 고산수(枯山水)는 그 극단적인 예라고 할 수 있을 것입니다. 지나칠 정도로 풀이 자라고 잡초나 잡목에 압도되어가
는 생활로부터 가끔 이런 정원에 발을 들여놓으면 훌륭하게 통제된 생태적 공백이 준비되어 있습니다. 거기에서 인공의
힘을 보며 자연의 맹위를 잠시 잊을 수 있을지도 모릅니다.

그래도 자연은 정원으로 찾아 들어 옵니다. 새들이 춤추고 잠자리가 산란하고 나비가 놀러오고 잡초가 끊임없이 올라옵
니다. 21세기는 공존의 시대라고 할 수 있을 만큼 정원에 돌아오려고 하는 자연을 억지로 배제하려는 정원 만들기는 일본
풍에서만이 아니라 조금은 시대착오적일지도 모릅니다.

생울타리와 펜스도 즐겨보자

모처럼 도시에 비오톱 가든을 만들어도 그곳에 찾아오는 생물이 없으면, 다른 정원과 다를 바가 전혀 없습니다. 이럴 때 근처의 정원이나 생울타리, 가로수는 생물들이 찾아오기 위한 소중한 통로가 됩니다.

생울타리는 여러 가지 종류로 혼합된 형식으로 만들 것을 권장합니다. 풍겐스보리밥나무, 사철나무, 화살나무, 사스레피나무, 아왜나무, 무늬쥐똥나무, 페이조아나 블루베리, 블랙베리 등 새들이 좋아하는 열매가 열리는 나무를 사용하거나 찔레, 동백, 질경이류, 덩굴성의 인동, 자스민 등도 심어놓으면 계절별로 꽃과 나무의 열매가 다채로운 손님들을 불러 모을 수 있을 것입니다.

생울타리의 아래쪽에는 아이비나 란타나, 아가판사스 등의 지피 식물과 밀원식물을 심어 떨어진 잎이 쌓이게 놔두면 지상을 이동하는 날개가 없는 생물들에게는 매우 이용하기 쉬운 환경이 될 수 있을 것입니다. 게다가 블록 담장과 같이 무너질 염려도 없습니다.

혼식 울타리는 정원을 연결하며 마을을 연결한다
단일식물로 만들어진 생울타리는 때에 따라 쐐기벌레가 발생하여 껍질을 먹어버린다든지 하지만 몇 종류의 식물을 조합한 혼식 울타리라면 그럴 걱정이 없습니다. 부분적으로 갉아 먹는 부분도 있지만 그 흔적은 점차 눈에 띄지 않습니다. 사계절 피는 꽃은 새나 나비들이 놀러오게 할 수 있습니다.

생울타리의 아래쪽에 밑원이 되는 초화류나 지피식물을 심어봅시다. 라벤더나 민트류의 식물을 고르면 들고양이나 개들이 훼손하는 것도 막을 수 있고 꽃향기도 즐길 수 있습니다.

후쿠오카 도심에 출현한 비오톱 가든. 흙벽이나 토담에 띠나 그레코마, 담쟁이덩굴 등이 자라고 개여뀌, 강아지풀, 비랭이, 죽지초 등과 서로 경합하고 있습니다.

거의 1년 내내 꽃이 피는 펜스입니다. 란타나, 질경이류, 프린지드라벤다. 로즈마리, 붉은꽃인동덩굴, 꽃댕강나무, 제라늄, 블랙베리, 백정화 등이 있습니다.

벽으로부터 30㎝ 정도 떨어져 철재 파이프와 와이어로 격자를 해두고 담쟁이덩굴을 자라게 했습니다. 낙엽성이라면 그 외에도 으름이나 키위덩굴, 포도덩굴, 상록성으로는 덩굴자스민과 멀꿀 등도 권할 만합니다.

여름에 무성해지는 능소화가 물통을 타고 벽으로 퍼져 꽃을 피우고 있습니다. 작은 크기로 꽃이 많이 피는 미국능소화도 건강해서 관리가 필요하지 않기 때문에 권할 만합니다.

영국정원풍의 비오톱 가든

English Garden

영국 정원의 뿌리는 이런 곳에도 있었다

본격적인 영국의 정원 만들기에서 얼마나 많은 일본 식물이 사용되었는가를 모르는 사람들은 이제 거의 없습니다. 이런 훌륭한 영국 정원도 실은 홋카이도 대학 식물원에 만들어진 일본의 야생식물 정원입니다.

일본의 원예식물과 야생식물이 놀랄 정도로 많이 사용되고 있는 영국의 원예 상황은, 바꾸어 생각하면 얼마나 일본의 잡초가 많이 심어져 있는가 하는 관점으로도 볼 수 있습니다. 예를 들면 일본에서는 몇 가지 품종 밖에 없는 억새가 유럽에서는 50종류 이상의 품종이 유통되고 있다고 합니다. 깃털양귀비의 품종도 있습니다. 하지만 그것은 시작일 뿐입니다. 수크령이나 강아지풀도 훌륭한 원예 소재로서 취급되고 있습니다.

일본의 잡초가 얼마나 사랑받고 있는가, 식물 구성만으로 보면 일본 정원의 잡초가 섞인 정원은 상당히 영국적인 것이 대세입니다. 그것은 그쪽에서 말하는 컨트리 스타일(전원형)인 셈입니다.

벼과 잡초를 섞은 정원은 메도우 스타일(Meadow style: 야생 초지형), 벼과나 사초과의 잎들이 우세한 정원은 그라스 가든(Grass garden: 초지형). 농담 같지만 이러한 스타일이 확립된 것은 19세기말 영국의 새로운 정원 조성술을 개척한 윌리엄 로빈슨(William Robinson)의 발상에 의한 바가 큽니다.

가는칼퀴 틈에서 피어난 마가렛과 포피, 큰조아제비나 오차드그라스 등, 친숙한 목초가 무성한, 기분 좋은 봄의 야생 초지 정원입니다.

나무 가지 사이로 햇볕이 들어오는 곳에 고대 그리스 문명을 연상시키는 아칸서스가 맞이합니다. 길 양쪽의 마삭줄과 체리세이지가 색을 더하고 있습니다.

라즈베리의 울타리를 압도하며 핀 버들마편초. 발 아래쪽에는 한겨울 흰 꽃을 피우고 검은 열매로 새를 부르는 여뀌가 허브 사이에서 얼굴을 내밀고 있습니다.

허브와 야생의 지피류 위에는 흰색아가판서스와 누리장나무가 솟아 나비를 유혹하고 있습니다. 몇 주 후에는 수레국화의 꽃도 더해집니다.

영국정원풍 비오톱 가든 특징과 만드는 방법

일년 내내 빨간 잎, 벚꽃 모양의 꽃, 그리고 상쾌한 신맛의 열매를 맛볼 수 있는 자엽자두. 꽃과 열매는 물론이고 단풍까지 아름다운 산딸나무, 청띠제비나비가 알을 낳으러 오는 월계수, 나비의 나무로 유명한 부들레아 등을 권합니다.

퍼골라나 트렐리스에는 사계절 꽃이 피는 성질의 란타나와 플럼바고(plumbago), 무늬 미국배풍등, 여름에 흰 꽃을 많이 피우는 참으아리나 마디풀 등으로 나비와 벌들을 불러 모읍니다.

햇볕이 좋은 장소의 밀원으로는 스페니쉬데이지와 등골나물류, 수레국화 등을 심습니다. 익어서 떨어지는 열매로 점점 불어나는 고사백합 등을 심어도 좋습니다. 먹이풀로는 산호랑나비가 알을 낳는 레이스플라워와 블루레이스플라워, 배추흰나비와 큰줄흰나비를 위한 서양말냉이와 스위트알리섬 등을 권합니다.

메뚜기와 귀뚜라미를 위해서는 퍼플파운틴 그라스와 사초, 가는잎억새, 금강아지풀 등을 심습니다. 나무그늘에는 비비추, 은방울꽃, 휴케라, 메도우 세이지 등을 심습니다. 지피식물에는 왕모람, 광대나물, 별깨덩굴 등을 심습니다.

연못 주변에는 기품 있는 은백양과 무늬쥐똥나무, 하늘소 등의 딱정벌레 종류를 불러 모으는 나무수국, 밀원식물로는 습생 물망초와 붉은터리풀, 잠자리의 산란과 우화용으로는 별모양의 아름다운 꽃이 피는 꽃방동사니와 미국물옥잠 등을 심습니다. 수변의 지피류에는 낚시제비꽃과 뱀딸기, 피막이풀 등을 권합니다.

장미나 클레마티스만으로는 향취가 없습니다. 때에 따라서는 그라스가든의 수법도 끌어 들여 바람을 느끼게 하는 정원 만들기에 힘써보는 것은 습도가 높은 여름에도 식물이 건강하게 자라는 정원을 만드는 비결입니다.

레몬그라스와 사초 뿐만 아니라 강아지풀도 이용해 보세요. 길을 따라 여기저기 키가 높은 숙근초를 심고 조금 먼 위치에 키가 낮은 지피식물을 배치하면 깊이감과 자연의 표정을 강조하는 스크린 효과가 만들어 집니다. 통로로부터 사람을 보이는 것을 차단하고 정원의 가운데 은밀한 장소를 구성하여 생물들을 위한 쉼터를 확보합니다. 동시에 갭이라고 불리는 환경의 불연속을 만들어 변화가 풍부한 서식 공간을 제공합니다.

구근도 열식하지 않고 수십 개를 지면에 던져 흐트러뜨리고 그 장소에 바로 심으면 자연적으로 자라는 것과 같은 인상을 줄 수가 있답니다. 이것은 영국의 원예가 Paul Smither[11]로부터 배운 흐트러뜨리기의 방법인데, 그 위에 낙엽을 덮어두면 완벽하지요.

---

11) 영국 버크셔 출생, 영국왕립원예협회 위즐리가든 및 미국 롱우드가든즈에서 원예디자인을 공부하고, 1997년 유한회사 Garden Rooms를 설립하여 정원설계 및 시공, 원예전반에 관한 컨설팅과 강사로서 활약중이다. 2000년 제 1회 동경 가드닝쇼 프리젠테이션 가든 부분에서 RHS 최우수상을 수상. 원종계의 숙근초화류를 중심으로 한 자연스러운 분위기의 정원 만들기에 정평이 나있다. 자신이 관리하는 야츠가다케(八ヶ岳) 내츄럴가든에서는 초심자부터 프로에 이르기까지 다양한 층을 대상으로 자연의 이치에 순응하는 정원 만들기를 지도하고 있으며, 원예·가든지, NHK 등에서 활동하고 있다 (http://www.gardenrooms.co.jp).

정원이 만드는 생명의 요람

영국풍 정원이라고 한마디로 말하는 것도 거친 표현입니다만, 일본에서 유행하게 된 이른바 영국풍 정원의 요소에서 비오톱 기능을 이용할 수 있는 내용만을 도출하여 영국풍의 비오톱 가든을 구상해 봅시다.

그 전까지의 영국식 정원으로부터 새로운 전환을 제시한 윌리엄 로빈슨(William Robinson)은 지역의 기후에 맞는 숙근초를 위주로 들풀처럼 자연스러운 표정을 가지는 군락 식재 방법을 활용한 와일드 가든 기법을 제창하였습니다. 그에 영향을 받은 거트루드 지킬(Gertrude Jekyll)의 코티지 가든(Cottage Garden)의 발상도 중요합니다. 그녀는 과일나무나 화목류, 채소나 허브를 야생적 매력을 가진 초화류와 같이 심고 자연풍으로 조합하는 정원을 정착시켰습니다. 그들은 단일종만으로 평탄하게 구성되는 장식화단을 배제하고 바로 앞에도 키가 높은 식물을 심어 깊이감과 복잡한 공간 구성으로 자연스러움을 강조하는 스크린 효과를 여러 종류의 식물 조합으로서 실현하였던 것입니다. 극단적으로 전정하지 않는 자연스런 표정의 교목층, 관목층, 초본층은 때로는 중층적이며 그리고 가끔은 단층으로 입면 배치가 되어 정원 공간의 다채로운 변화, 풍부한 다층구조의 패치워크를 만들어 냈습니다. 그것이 원예식물을 주체로 재구성된 다양한 생물서식공간을 제공한 셈입니다.

과도하게 손대지 않는 것도 자연스러움의 한 가지

숙근초를 위주로 한 정원은 일 년에 몇 번 전체적으로 바꿔 심는 일년초 화단에 비하면 확실히 복잡한 계획 능력과 지식을 필요로 할지 모릅니다. 그러나 한 번에 모든 것을 만들지 말고 매년 조금씩 심으면서 정원에 정착한 식물을 남겨간다면, 즉 적어도 몇 년을 사이클로 천천히 조성해나가면 확실히 아름다운 정원이 만들어질 것입니다.

물론 모든 것을 숙근초로 덮어 버리기 보다는 일년초 코너도 적극적으로 남겨두는 편이 생물상을 다양화 시킬 수 있는 면에서나 혹은 정원 일을 즐기는 면에서 깊이를 줄 수 있습니다. 다만 주의해야 할 것은 전체가 어수선하게 되지 않도록 마무리하는 점입니다. 맺고 끊음의 아름다움이라고도 할 수 있으며, 아울러 서식 환경의 다양성을 확보하기 위해서 입니다.

가장 간단한 해결책은 정원을 먼저 몇 개의 블록으로 구획해 두는 것입니다. 기하학적으로 또는 적당히 돌을 놓거나 낮은 생울타리로 정원을 구획하고, 그 구획 속에서만은 식물을 자유롭게 자라도록 내버려 두는 것도 영국 정원의 하나의 테크닉입니다. 블록별로는 확실하게 다른 조합의 식물 구성을 채워 넣으면 정원 전체가 어수선해지지 않습니다. 어느 블록은 채소와 허브를 중심으로, 또 다른 블록에서는 구근 식물과 그라스를 집어넣게 되면 관리나 수확도 즐거운 일이 될 것입니다.

자연풍이란 이름뿐인 ……

자연이 남아있는 하천 부지에 일년초를 혼합파종하는 야생화 녹화나, 원예적으로 증식시킨 산지 불명의 야생종(삼백초나 부처꽃, 억새, 큰잎부들 등)을 심어 경관개선을 하겠다는 풍조도 흔히 볼 수 있는데 이는 근절해야 할 것이라 생각합니다. 이러한 원예식물은 그곳에 자라고 있던 야생식물로부터 벌의 꽃가루 매개자를 빼앗아 버릴 뿐만 아니라 산지불명의 야생종은 유전자 오염을 만연시킬 수 있기 때문입니다.

원예식물과 대량 증식된 산지불명의 희귀종은 정원이라는 인공 환경으로부터 벗어나지 않도록 주의하는 일이 중요합니다.

버들마편초의 꿀을 빨고 있는 산호랑나비. 이 꽃도 열매로 상당히 많은 나비를 불러들입니다. 산호랑나비는 이동 능력이 뛰어나서 거의 전세계적으로 분포하며 유전적으로도 지역차가 적다는 점이 특징입니다.

꽃등에와 벌이 찾아오는 정원 만들기

꽃등에와 벌을 불러볼까 생각해 본 적이 있나요? 피를 빨러오는 등에가 아니라 도움이 되는 꽃등에 종류들입니다. 벌 중에서도 위험한 종류들은 매우 제한적이어서 실제로는 10cm 정도의 거리에서 사진을 찍어도 전혀 위험하지 않을 정도로 얌전한 종류도 있습니다. 물론 괴롭히면 쏘일 수도 있지만 말입니다.

5천 종 이상이 되는 일본의 벌 중에서 특히 위험한 벌은 장수말벌, 털보말벌, 두 종류이며 벌집이 커지는 8~10월에 피해가 집중되고 있습니다. 이런 벌에는 가까이 가지 않는 것이 가장 좋습니다. 그러면 그 외의 종류를 부르는 것은 왜일까요?

예를 들면 토마토의 꽃에는 나비가 오지 않기 때문에 꽃등에나 벌이 오지 않으면 열매가 맺히지 않습니다. 풍요로운 결실을 위해서는 이러한 생물들을 부르는 것이 가장 좋습니다. 식물도 꽃의 모양을 비롯해서 여러 가지 방법으로 상대를 유혹하기 때문에 찾아오게 되는 종류는 많을수록 좋습니다.

꽃등에를 부른다

침을 갖지 않는 꽃등에 종류들은 벌을 흉내 내어 새들에게 먹히지 않도록 의태를 하고 있습니다. 성충으로 월동하는 종류도 있어서 겨울에도 따뜻한 날에는 꿀과 화분을 찾아 날아다니기 때문에 겨울철에 피는 꽃은 그들을 부르기에 효과적입니다.

어수리꽃에 찾아온 수중다리꽃등에 유충은 수변의 진흙 속에서 삽니다. 꽃등에를 부르는 미나리과의 꽃은 꿀샘이 납작해서 나비와 같은 빨대 모양의 입으로는 먹을 수 없습니다.

개양귀비에 찾아온 호리꽃등에 유충은 진딧물을 먹어 줍니다. 양귀비 종류는 화분만으로 꿀이 없기 때문에 나비는 오지 않습니다. 벌과 꽃등에들만 찾아옵니다.

한 겨울에 피는 유리옵스데이지에 찾아온 무늬넓적꽃등에, 성충으로 월동하기 때문에 겨울철 밀원으로 불러 모으면 이른 봄에 피는 물앵두나 양벚나무의 꽃가루를 나르고 유충은 진딧물을 먹어 줍니다.

벌을 부른다

벌이 없으면 꽃가루를 옮길 수 없는 식물이 의외로 많습니다. 아래를 향해서 피는 은방울꽃과 꽃 안쪽까지 들어가지 않으면 꿀을 얻을 수 없는 제비꽃, 금어초 종류들입니다. 차조기의 종류 중에는 특정한 벌이 정해져 있는 것도 있습니다.

초롱꽃은 아래를 향해 피는 꽃도 잘 찾아 들어가는 호박벌을 부릅니다. 비행능력이 뛰어나며 멀리까지 꽃가루를 날라 주는 벌 외에는 상대하지 않는 꽃입니다.

곰포카르푸스(Gomphocarpus frutico)에 찾아온 등검정쌍살벌. 나방유충이나 송충이를 잡아 잘게 잘라서 유충에게 먹입니다. 송충이를 싫어하는 사람에게는 강력한 방법이 될 것입니다. 벌에게 직접 닿지 않으면 쏘이지 않는다고 단언할 수 있을 정도로 얌전한 종류이지만 가을에 여왕벌이 앉아 있는 세탁물을 가지고 들어와 쏘인 예도 있다고 합니다.

잘라낸 잎을 운반하는 가위벌. 강변의 돌 틈이나 대나무 통의 구멍에 새끼를 키우기 위한 집을 만들어 그곳에 꽃가루를 채워넣고 알을 낳습니다.

치자나무의 꽃을 훔치고 있는 호박벌 종류. 여러 가지 꽃에 파고 들어가 꿀을 빨지만 인동이나 치자나무처럼 들어갈 수 없는 꽃에서는 꽃 뿌리 부분에 구멍을 내어 꿀을 훔쳐가기도 합니다.

최근 귀화한 미국제비꽃 (Viola solaria)은 꽃 입구에 섬모가 있어서 꽃등에는 꽃 속으로 들어가기 힘들도록 문전박대 하고, 멀리까지 꽃가루를 날라주는 꿀벌에게만 꿀을 먹게 합니다.

그늘의 비오톱 가든

Shade Garden

"우리 집 정원은 항상 그늘이 져서……" 하고 포기하고 계십니까? 무엇을 심어도 말라죽는다고 체념하기 전에 어떤 식물이 그늘에 강한 지를 아는 것이 중요합니다. 그 이상으로 우리 집 정원이 어떠한 그늘에 속하는 가를 잘 파악해 두는 것도 중요합니다.

그늘 정원이라고 한마디로 말해도 실은 다양합니다. 북측의 정원만이 그늘 정원은 아닙니다. 남쪽을 향한 정원 중에서도 건물 그늘 때문에 직사광선이 하루에 몇 시간 밖에 들어오지 않는 경우도 있을 것입니다. 예를 들면 햇볕이 좋은 정원이라도 상록수 그늘이 있다면 그곳만은 훌륭한 그늘정원이 될 것입니다. 커다란 잎이 무성한 돌참나무나 태산목 바로 아래는 일조량에서는 사방이 건물에 둘러싸인 정원보다도 가혹합니다. 같은 그늘이어도 겨울에 밝고 여름에 시원한 낙엽수 아래는 또 다릅니다. 이는 흔히 말하는 밝은 그늘과 반그늘의 차이로, 가지가 밀생하여 너무 무성해지지 않도록 전정을 하고 공간을 만들어서 나뭇가지 사이로 비춰드는 햇볕을 많이 확보하면 직사광선을 싫어하는 식물들을 위한 공간으로 이용할 수 있습니다.

상쾌한 나뭇잎 위로 매미 우는 장맛비가 내린다
그늘 정원은 짙은 녹음이 지나치면 자칫 우울한 분위기가 되기 쉽습니다. 반입 품종을 많이 사용하여 여러 가지 질감의 식물을 조합하면 밝은 이미지로 바꿀 수 있습니다. 수목을 밀생하지 말고 공간을 만들어 바람길을 확보하면 과습이 되는 것도 막고 병충해도 줄일 수 있습니다.

여름 숲의 가장자리를 차지하는 향기 짙은 누리장나무 꽃에는 제비나비 종류들이 자주 찾아옵니다. 가을에는 붉은 꽃 턱에 검은 열매로 대단히 우아한 장식을 하여 새들을 유혹하며 눈을 뗄 수 없도록 하는 나무입니다. 새들의 배설물로부터 싹이 트는 경우도 간혹 있습니다.

휴케라는 비교적 최근에 유행하기 시작한 소재이며 습한 편의 밝은 나무 그늘에 심으면 점차 증가합니다. 붉은 색조의 잎과 반입 품종이 있으며 백색과 핑크 꽃도 있기 때문에 그늘의 지피식물로 많이 활용할 수 있는 식물입니다.

거의 무성해질 만큼 풍성한 그늘정원이지만 이렇게 키가 높은 새의 물놀이대를 설치해 두면 한층 재미있게 연출할 수 있습니다. 주변이 잘 보이기 때문에 새들도 안심하고 이용할 수 있겠지요. 물 갈아주기를 잊지 않도록 합시다.

쟈스민과 같이 향기가 있는 브룬펠시아 꽃은 처음 필 때는 청자색이며 점차 백색으로 바뀝니다. 따뜻한 지방이라면 남향의 낙엽수 아래 심고 근원부에 떨어진 잎을 덮어 두면 노지에서도 월동할 수 있습니다.

비오톱 가든에서 즐기는 식물 그늘편

서양석남화

석남화는 재배가 비교적 간단한 서양석남화를 권합니다. 수변과 가까우면서 오후에는 그늘이 지고 북풍을 피할 수 있는 장소라면 최적입니다. 물 빠짐이 좋은 흙에서 얕게 심으면 아름다운 꽃을 피워 줄 것입니다. 숲가를 나는 남방제비나비나 제비나비가 찾아옵니다.

산초나무

산초 잎의 상쾌한 향은 봄의 집목림이 주는 선물입니다. 관리를 해주지 않아도 되는 식물이기 때문에 북향의 정원이나 넓은 잎 나무 밑에 심으면 활기 있게 잘 자라고 호랑나비의 종류들이 산란하러 올 뿐만 아니라 사람도 이용할 수 있습니다. 쵸이샤 등 다른 감귤과의 식물도 심을 수 있습니다.

메도우 세이지(Salvia pratensis)

그늘과 양지에서도 튼튼하게 자라며 따뜻한 지방이라면 노지에서도 월동할 수 있습니다. 퇴비를 묻어 주고 수년간 키우면 훌륭한 큰 줄기가 되며 많은 꽃을 답니다. 꿀벌이나 꼬리박각시를 위한 꽃이지만 남방제비나비가 재치 있게 꿀을 빨고 있습니다.

크리스마스로즈

12월부터 4월까지 꽃이 피고 겨울 그늘을 장식하며 빛내는 주역입니다. 농밀한 색조로 아래를 향해서 꽃이 피기 때문에 조금 높은 위치에 심으면 아름다움을 만끽할 수 있습니다. 여름에 그늘이 되는 낙엽수 아래나 북향의 정원에 심어 봅시다. 가위벌이나 꽃등에 종류 등이 찾아올 것입니다.

프림로즈

영국의 봄이라고 하면 이 프림로즈가 대표합니다. 더위에 약하기 때문에 북향의 정원이나 낙엽수 아래에 심습니다. 앵초 종류에는 암술이 튀어 나오는 장주화와 수술이 나오는 단주화가 있으며 그 양쪽을 혼식하면 결실도 좋습니다. 어리뒤영벌과 빌로드재니등에, 제비나비도 옵니다.

리시마키아 프로컴벤스
(Lysimachia procumbens)

양지와 그늘 사이의 수변에 심어봅시다. 작은 잎의 리시마키아 누므라리아는 수초나 지표식물로도 사용할 수 있는 아주 좋은 종류입니다. 직립성의 반입 리시마키아(Lysimachia punctata)도 권합니다. 작은주홍부전나비나 꽃등에, 벌 등이 옵니다.

이삭여뀌

양지에서 그늘까지 즐길 수 있는 다년초이며 잎에 들어있는 모양이 특징입니다. 야외에서는 숲의 북측 가장자리 등에서 발견되며 습한 곳이나 수변이면 잘 자랍니다. 반입 품종도 그늘에 심어두면 잎이 타지 않습니다. 차분한 꽃이지만 붉은색과 흰색을 섞어놓으면 재밌을지도 모릅니다.

머위

머위 종류는 습한 그늘을 좋아하지만 밝고 건조하기 쉬운 장소에서도 자랍니다. 머위는 식용으로도 쓰이는 색 잎이며 산호랑나비의 먹이풀로도 이용할 수 있습니다. 그늘 정원이라면 떨어진 꽃잎으로도 점점 불어나기 때문에 성가신 곳에서는 뽑아내거나 식용으로 하면 됩니다.

꽃고추

스노우문 꽃고추라고 불리는 반입 품종(사진)도 있으며 상록으로 겨울의 그늘 정원을 장식해 줍니다. 붉은 열매가 새들에게 인기 있어서 새들이 찾아오는 정원이라면 어느 사이엔가 싹이 트기 때문에 일부러 사올 필요가 없을지도 모릅니다. 물론 양지에서도 잘 자랍니다.

청목

유럽에서 인기가 매우 높은 일본 특산의 상록 관목입니다. 상록수 아래에서도 잘 자라는 것이 특징이며 양지와 그늘에서 모두 튼튼하게 자라지만 그늘에서는 다소 어두워지기 쉽기 때문에 반점이나 잎 테두리가 있는 품종을 권합니다. 겨울의 빨간 열매는 직박구리가 대단히 좋아합니다.

수호초

원래는 너도밤나무 숲의 하초이기 때문에 습하기 쉽고 서늘한 장소를 좋아합니다. 햇볕을 받으면 잎이 타기 쉽기 때문에 햇볕 아래 심지 않는 것이 좋습니다. 한 겨울에 피는 흰 꽃을 잘 보면 귀엽고 반투명의 흰색 열매가 새들을 불러 모읍니다. 반입 품종도 권합니다.

눈까치밥나무

시늘한 지방이라면 양지에서도 원기 있게 자라지만 따뜻한 지방에서는 역시 습하기 쉬운 나무그늘 아래의 북측이나 북측 정원에 심는 것을 권합니다. 차분한 꽃은 가위벌이나 꽃등에 종류 등이 찾아와 꽃가루를 날라주기 때문에 주위에 겨울에 피는 꽃을 심어주는 것이 풍작의 비결입니다.

그늘의 비오톱 가든 특징과 만드는 방법

새들은 그늘을 개의치 않고 찾아와 주기 때문에 산딸나무나 동청, 눈까치밥나무, 죽절초, 먼나무, 서양호랑가시나무 등 그늘에서도 많은 열매가 달리는 나무를 심습니다.

밀원으로는 석남화나 누리장나무, 카사블랑카 등과 백합, 리시마키아 종류, 메도우 세이지, 동자꽃 종류 등이 좋습니다.

그늘의 식물은 대개 짙은 녹색 잎을 가지기 때문에 너무 무성하고 울창해지기 쉽습니다. 동백, 서양호랑가시나무, 털마위, 맥문아재비, 비비추, 무화과 등의 반입 식물을 심어서 밝게 연출합니다.

솔잎사초나 알케미라 몰리스(Alchemilla Mollis), 난쟁이은쑥, 휴케라와 같이 서로 다른 질감의 잎과 색깔 있는 잎으로 섬세한 뉘앙스를 갖는 매스를 만듭니다.

그늘의 수변도 어두워지기 쉽기 때문에 물봉선, 차조기 종류, 남방바람꽃, 임파티엔스, 반입 분꽃 종류, 대상화, 일본앵초, 반입 은방울꽃 등으로 밝고 화려하게 합니다.

나비가 무리지어 다니는 정원이라고 하면 밝고 햇볕이 잘 드는 화단을 떠올리기 쉽습니다. 하지만 그늘이기 때문에 오히려 불러들이기 쉬운 나비도 있습니다. 예를 들면 남방제비나비나 제비나비, 사향제비나비, 검은색의 호랑나비과는 직사광선에서는 체온이 과도하게 오르기 쉽습니다. 그들은 숲 가장자리를 따라 날아다니듯이 도시에서는 건물의 그늘을 따라서 정원을 찾아다니는 코스를 취하고 있습니다. 그들을 위해 석남화나 앵초, 누리장나무, 메도우 세이지, 나리 종류의 루레브나 카사블랑카 등을 심어보면 어떨까요?

큰줄흰나비처럼 도시에서 점차 늘어나고 있는 나비도 있습니다. 숲 가장자리에 사는 이 나비도 건물의 그늘을 찾아오게 됩니다. 황색과 적색 계통의 꽃을 좋아하며 흰 꽃에도 찾아오기 때문에 비올라나 등골나물류 등을 권합니다. 광나무의 흰 꽃은 큰줄흰나비나 배추흰나비를 불러 모을 수 있다고 알려져 있는데 청띠제비나비도 찾아옵니다. 무늬잎쥐똥나무를 심어도 부를 수 있을 것입니다.

그늘로 찾아오는 잠자리와 새들

그늘의 정원에 놀러오는 잠자리는 숲 주변을 좋아하는 노란허리잠자리
와 청실잠자리, 가는실잠자리 등이 있습니다. 무늬 석창포와 실사초, 반
입 갈풀을 심은 물확을 두어 봅시다. 가까이에 수림이 있다면 수중 뿌리
나 물에 떠있는 낙엽에 산란하러 올지도 모릅니다.

도시에 찾아오는 새들 중에서 그늘을 특별히 좋아하는 종류는 없는 것
같으며, 나무 밑까지 먹이를 찾아 들어오는 새는 많지 않은 것 같습니다.
흰배지빠귀는 낮은 수풀 속 아래까지 찾아 들어오며 낙엽 아래의 벌레

그늘 식물의 대부분은 적은 일조량이라도 효율적으로 이용할
수 있도록 진화하여, 짙은 녹색의 커다란 잎을 갖고 있습니다.
의도적으로 가는 잎이나 반입종을 많이 사용하면 가벼운 인상
으로 바꿀 수 있습니다.

들을 찾고 있는 모습을 흔히 볼 수 있습니다. 딱새, 직박구리, 노랑지빠
귀도 자금우나 백량금의 열매를 먹으러 옵니다. 수림이나 밭에 접하고 있는 교외의 정원이라면 자고새도 올 수 있습니다.

그늘을 화려한 꽃과 나무로 채운다

가을에 심어 봄에 꽃이 피는 추식 구근 종류는 대부분 낙엽수 아래에서 잘 자랍니다. 여름에 꽃이 피는 백합을 심는다면
스카시 백합과 철포 백합은 양지쪽에, 루레브 백합이나 스타게이저(stargazer) 장미, 카사블랑카 등 잎이 큰 종류라면 오
히려 그늘이나 북향의 정원이 좋습니다. 그것은 스카시 백합 등은 원래 해안의 바위지대 등에서 야생하던 식물이고 햇볕
이 내리 쬐는 곳을 좋아하는데 비해 루레브나 카사블랑카는 밝은 숲 속에서 사는 점박이나리나 산나리가 조상이기 때문
입니다. 늦은 봄부터 기온이 급격하게 올라가는 지방에서는, 튤립이나 히야신스 등 서늘한 기후를 좋아하는 구근류는 햇
볕이 강한 정원에서는 눈 깜짝할 사이에 잎이 누렇게 변하고 구근이 자라지 않습니다. 그런데 북측의 정원이나 상록수로
부터 조금 떨어진 나무 그늘에 심어 두면 5월이 끝날 때까지 잎이 무성하고 구근이 커지며 약한 액비로 키우면 매년 아름
다운 꽃이 피어납니다. 종자로 번식하는 프리뮬라 말라코이데스(Primula malacoides)나 더위에 약한 숙근초인 프림로즈,
미니 시클라멘 등도 그늘용입니다.

정원의 밝기를 확보하기 위해 교목을 사용할 때 근원부 공간이 크면 클수록 지면에 도달하는 광량이 많아진다는 점을 이
용하는 경우가 있습니다. 하지만 모든 정원 수목의 근원부를 깨끗하게 깎아두는 것은 정원의 디자인상 무리가 있습니다.
따라서 비교적 투과성이 좋은 낙엽수에서는, 내음성이 강한 수종은 아래쪽 가지가 퍼지는 모양으로 하고, 내음성이 강하
지 못한 것은 수관이 테이블 모양으로 옆으로 퍼지는 종류를 선택해서 나무 아래의 조도를 확보합니다. 투과성이 나쁜 상
록수에서는, 내음성이 그리 강하지 않은 수종은 수관이 느슨하게 확보하는 나무 아래에 큰 공간을 만드는 역원추형으로,
내음성이 강한 것은 지면 근처부터 빽빽하게 가지를 다는 원통형으로 하여, 가지 아래는 아무것도 심지 않는 등 각기 다
른 방법을 사용합니다.

특히 내음성이 강한 종류로는 송악, 맥문동, 마삭줄, 자금우 등 원래 상록활엽수림 밑에서 살고 있는 식물을 꼽을 수 있으
며, 반입 품종을 사용하면 어두운 그늘에서도 깨끗하게 연출할 수 있습니다.

그런데 흙은 괜찮을까?

그늘 정원에 무엇을 심어도 말라 죽어 버리는 또 하나의 원인은 토양 환경입니다. 오랜 기간 제대로 식물이 자라지 않고 지
면이 딱딱하게 되어 빗물이 고이기 쉬운 장소에서는 부식질이 줄고 공기 유통이 나빠져 혐기성 균이 증가합니다. 말하자면
부패성 토양이 되는 경우가 많습니다. 이럴 때는 부엽토나 퇴비를 섞어 발효성 토양으로 바꾼 후에 식물을 심어야 합니다.

노래하는 벌레와 딱정벌레들이 찾아오는 정원 만들기

전정을 하지 않는 안정된 풀숲이 있으면, 메뚜기와 귀뚜라미 종류를 번식을 위해 찾아오게 만드는 것은 간단합니다. 긴꼬리귀뚜라미[12]처럼 쑥, 싸리, 억새에 산란하는 종류도 적지 않기 때문에 풀을 길게 자르거나 혹은 잘라 내지 않고 정원의 일부로서 디자인하면 됩니다. 레몬그라스 등을 수확하는 경우에도 풀줄기에 틈이 있도록 잘라내고, 한 번에 전부를 깎지 않도록 합니다. 수크령과 강아지풀 등 깎은 풀도 덮어 주는 재료로 사용하면 만점입니다. 쑥과 억새 대신에 세네시오 등이나 오나멘탈 그라스를 숙근초 화단에 섞어 두는 것도 하나의 방법입니다.

딱정벌레 종류도 많아서 불러들이는 방법도 제각각 달리 즐길 수 있습니다. 제방에서 발견할 수 있는 쑥부쟁이나 무릇을 심어 본다든지, 대나무나 간벌재 등으로 틀을 만들어 낙엽이 모이도록 설치한다든지, 퇴비장을 만들거나 복사나무나 무화과, 졸참나무, 딱총나무, 뽕나무 등을 심고 나무수국 꽃 등으로 유혹해 보세요.

노래하는 벌레를 부른다

흙에서 산란하는 종류도 많아서 봄까지 흙을 들춰내지 않아도 되는 지면이 필요하지만, 콘크리트 부지에서도 플랜터를 몇 개 모아두면 괜찮습니다. 오랜 기간 심어 둔 채 즐기도록 하고 구근류나 숙근초 및 상록의 초본류를 섞도록 하십시오.

---

12) 우리나라에는 없는 종류임

베짱이는 집 주변의 풀밭에서 조명으로 유혹하면 날아옵니다. 다른 귀뚜라미나 메뚜기 종류는 흙에 산란하지만 베짱이는 휘어진 산란관을 억새의 잎 틈에 찔러 놓고 산란합니다. 마른 풀도 깎아 내지 말고 겨울에 피는 꽃들과 함께 조합해 봅시다.

생울타리에서 휘리리리~ 하고 처량한 소리가 들려오면 풀종다리 입니다. 싸리 등의 뿌리에 산란합니다. 어리귀뚜라미는 베란다의 플랜터에 심어둔 나무로 부를 수 있습니다.

도시의 풀밭에서도 치리리~하고 노래하는 소리가 들려온다면 이 알락귀뚜라미일지 모릅니다. 아름다운 소리를 내는 왕귀뚜라미와 작은 돌 틈 사이에 숨어있는 극동귀뚜라미 등도 도시에서 불러들이기 쉬운 종류입니다.

작은 쪽이 새끼가 아니고 수컷입니다. 섬서구 메뚜기는 억새 종류보다도 국화나 배추 등 넓은 잎과 꽃을 즐겨 먹습니다. 도시에서도 간단하게 부를 수 있는 귀여운 메뚜기입니다.

긴꼬리귀뚜라미가 야산 주변의 초지에 많은데 비해 이 흰배긴꼬리귀뚜라미[13]는 평지에 많고 도시 주변의 정원에서도 간단하게 부를 수 있습니다. 여기에서는 란타나와 미니 토마토의 덤불에 찾아 왔습니다.

눈물일까요? 눈 아래쪽 모양이 눈물 방울처럼 보이는 것이 각시메뚜기의 특징입니다. 따뜻한 지방의 초지에서 살며 성충이 되면 갈색으로 변신하여 낙엽 아래에서 월동하고 이른 봄부터 활동합니다.

13) 우리나라에는 없는 종류임

벌레 소리의 추억과 가을 바람의 그라스 가든
바람에 흔들리는 오나멘탈 그라스에 섞여 수크령과 금강아지풀이 어릴 적 기억을 떠올리게 합니다. 벌레들의 계절이 지나 서리가 내리는 계절, 마른풀 사이로 풀숲에서 내미는 겨울 꽃과 이른 봄의 꽃들. 계절의 변화는 마른 풀의 스크린 너머에서 조금씩 보입니다.

딱정벌레를 부른다

초록꽃무지를 부르려면 마가렛이나 무릇이 피는 정원
으로 충분합니다. 새 똥에서 싹이 트는 뽕나무를 키우
면 하늘소도 찾아올 수 있습니다. 정원을 청소할 때 나
오는 작은 가지나 낙엽도 딱정벌레를 부르는 좋은 가
드닝 소재입니다.

14) 우리나라에는 없는 종류임

여러 가지 종류의 하늘소와 작은 딱정벌레뿐만 아니라 검은표범나비,[14] 은
점표범나비도 불러 모을 수 있는 나무 수국은 개화기도 길고 튼튼하여 그
늘이나 양지에서 모두 심을 수 있는 뛰어난 소재입니다. 꼭 정원에 심어봤
으면 하는 관목입니다.

봄을 맞는 장작더미에서 여러 가지 딱정벌레의 얼굴이 보입니다. 장작더미를
정원의 소재로 사용할 때는 블록을 쌓은 다음 그 위에 두어야, 흰개미가 생길
염려가 없습니다.

하늘소 등의 유충이 뚫어
놓은 나무 구멍에서 수액
이 나오면 점박이꽃무지
가 그것을 먹으러 옵니다.
흑백알락나비와 청띠신선
나비, 밤에는 장수풍뎅이
가 찾아올지 모릅니다.

무화과에 찾아온 뽕나무 하늘소. 울도하늘소
와 알락하늘소도 이 나무를 매우 좋아합니다.
열매가 익으면 새들과 네발나비까지 찾아옵
니다.

대나무와 간벌목으로 낙엽을 모으는 틀을 만들어 부엽토를 쌓아 둡시다.
장수풍뎅이의 유충을 찾을 수도 있습니다. 도심에서도 벌레 상자에서 기
르다가 도망쳐 나온 것들이 의외로 있어서 그것이 알을 낳으러 옵니다. 졸
참나무와 상수리나무의 낙엽을 좋아합니다.

정원에 모여드는 그외의 생물들

정원의 초점부에는 마른 나무와 유목을 사용해 봅시다. 여러 가지 딱정벌레의 유충이 살거나 버섯이 생기기도 합니다. 벌레를 찾아서 딱따구리 등이 집을 지을지도 모릅니다.

이런 레이스 모양의 집을 짓는 거미도 있습니다. 흰띠 혹은 숨은띠라고 불리우며 최근의 연구에서는 자외선을 반사하여 벌레를 불러 모은다고 알려져 있습니다. 잘 만들었네요!

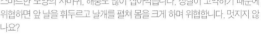

부화한지 얼마 안 된 대벌레의 새끼입니다. 어미는 나무 위쪽에서 알을 낳아 떨어뜨리기 때문에 낙엽을 치워버리면 그 다음에는 만나지 못하게 됩니다.

스마트한 모양의 사마귀. 해충도 많이 잡아먹습니다. 성질이 고약하기 때문에 위협하면 앞 날을 휘두르고 날개를 펼쳐 몸을 크게 하며 위협합니다. 멋지지 않나요?

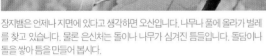

장지뱀은 언제나 지면에 있다고 생각하면 오산입니다. 나무나 풀에 올라가 벌레를 찾고 있습니다. 물론 은신처는 돌이나 나무가 심겨진 틈들입니다. 돌담이나 돌을 쌓아 틈을 만들어 봅시다.

눈에서부터 코까지 이어지는 아이라인이 포인트인 청개구리. 산란 이외의 시기에는 수변을 떠나서 삽니다. 꽃 주변이나 떨어진 꽃, 열매 근처에서 벌레를 기다리고 있습니다.

싫어하는 생물을 피하려면

누구에게라도 손대기 싫어하는 생물이 한두 가지는 있을 것입니다. 아무리 생물과 공생을 목표로 하는 정원 만들기라도 즐겁지 않은 상황에 빠지게 되면 중도에 좌절하게 됩니다. 오랫동안 지속하고 싶은 것이야 말로 비오톱입니다. 한 종류의 생물이 대발생하는 것은 생태계의 균형이 깨졌다는 증거입니다. 그것은 비오톱 가든에서도 마찬가지입니다. 그렇지만 정원의 미니 생태계에서는 다양성을 유지하기 어렵습니다. 자칫하면 단조로워지기 쉽습니다. 초장이 낮은 식물을 밀식하는 모전화단처럼 적은 수의 종류를 빽빽하게 심을 수 있는 것이 아니라, 잉글리쉬 가든의 내츄럴 스타일 풍으로 많은 종류를 조금씩 심도록 해야 합니다. 식물상이 풍부해지면 그곳에 살 수 있는 천적들도 풍부해지게 됩니다. 이것은 모기만이 아니라 대부분의 해충의 대발생을 막을 수 있어서 매우 중요합니다. 고양이, 개, 까마귀, 집비둘기의 피해는 인재의 성격이 강한 편이며, 기르는 사람과 지역 주민의 의식 향상이 중요한 해결의 실마리가 되는 경우도 적지 않습니다.

모기를 쫓는다

연못과 물확에는 송사리 등의 작은 물고기를 방류하고 주위에는 모기가 싫어하는 식물을 심습니다. 물고기의 먹이는 주지 않도록 합니다(92쪽 참조). 장구벌레는 흐르는 물에서는 생기기 어렵기 때문에 가까운 수로가 발생원이 되는 경우, 흐름이 유지되도록 청소를 하는 것도 중요합니다.

지면을 덮은 페니로열민트는 모기를 쫓아내기도 하고 고양이와 들쥐, 개미 등이 근처에 오지 못하게 하는데도 뛰어납니다. 허브지만 식용이 아닌 것이 옥의 티입니다.

짙은 보랏빛 잎의 다크오팔 베이즐과 억새와 같은 잎을 가진 레몬그라스의 향기로 모기가 오지 못하게 하고 있습니다. 대부분의 베이즐은 모기를 쫓을 수 있습니다.

열대 아시아 원산의 레몬그라스에 가까운 벼과 식물인 시트로넬라(Citronella)는 모기가 싫어하는 향을 냅니다. 이 성분을 만드는 유전자를 생명공학기술로 로즈제라늄에 형질 도입한 것이 사진의 구문초(驅蚊草)입니다.

진딧물을 없앤다

우유를 희석하여 스프레이하거나 담뱃가루를 물에 타서 바르는 등 진딧물을 구제하는 방법은 많이 있지만, 역시 천적을 정원에 불러들이는 것이 안전합니다. 초화를 심어 꽃등에를 부르고 따뜻한 햇볕을 들게 하여 무당벌레를 오도록 해 보십시오.

정원에 심으면 진딧물이 줄어드는 허브로 유명한 체리세이지입니다. 따뜻한 지방에서는 한 겨울을 빼고 거의 일 년 내내 귀여운 꽃을 달기 때문에 겨울철에 밀원으로도 이용할 수 있습니다.

체리세이지의 줄기에는 끈적끈적한 가는 섬모가 자라는데 진딧물들이 여기에 붙어 죽는 것을 발견할 수 있습니다. 잎의 향기로도 진딧물을 쫓아주는 뛰어난 종류입니다.

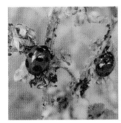
칠성무당벌레는 가장 일반적으로 발견할 수 있는 무당벌레입니다.

칠성무당벌레의 유충도 진딧물을 먹으며 자랍니다.

칠성무당벌레의 번데기입니다. 이따금 움찔거리며 반응합니다.

무당벌레의 교미 풍경입니다. 같은 종류에서 별모양이 다른 4가지 타입도 있습니다.

칠성무당벌레의 붉은 색 종류입니다. 다른 종류로 보이기도 합니다.

노랑무당벌레는 흰가루병의 균사를 먹습니다.

풀잠자리 유충은 예리한 입으로 갉아 먹습니다.

풀잠자리의 유충은 진딧물의 유액을 빨아 먹습니다.

점박이무당벌레류는 채소 잎을 갉아 먹는 해충입니다.

87

그 외의 벌레를 쫓아낸다

천적을 사용하는 방법은 고전적이지만 그 지역 재래의 곤충이 아닌 것을 정원에서 이용하는 것은 피해야 합니다. 생각하지 않은 생태계 파괴로 이어질 수도 있기 때문입니다. 식물 성분으로 다른 생물을 컨트롤 하는 타감작용(alleropathy)의 식물도 필요한 장소에 소량 심는 것을 권합니다.

앵도나무의 가지에 천막벌레나방의 알이 꽉 들어차 있습니다. 겨울동안 가지 하나하나를 잘라내어 처리하지 않으면 봄에는 천막모충이라고 불리는 쐐기 벌레가 되어 버리고 맙니다. 앵두나무에도 매실나무에도 잘 발생합니다.

겨울이 찾아 왔음을 느끼게 하는 수간 감기는 소나무에 거적을 감아서 솔나방 등을 끌어들여 봄에 소각하여 퇴치하는 구제 방법입니다. 해충이 소나무 수간에 구멍을 내며 따뜻한 장소에서 월동하는 것을 이용하는 것이지만, 거미 등의 천적도 찾아 드는 것이 옥의 티입니다.

감나무나 매실, 밤나무, 벚나무 등에 달라붙는 꼬마쐐기나무 유충입니다. 쏘이면 대단히 아프기 때문에 만지지 않는 것이 좋습니다. 화려한 색으로 독이 있음을 보여주고 있습니다.

매실나무에 붙은 쐐기의 고치. 쐐기가 나온 후 껍질은 비어있어서 그대로 두면 기생벌이나 노랑쐐기나방이 나오기도 해 놀라게 합니다.

벌레를 먹는 생물

낮에는 낙엽이나 마른 나뭇가지 아래 숨고 밤에는 벌레나 지렁이를 잡아먹는 왕딱정벌레. 딱정벌레의 종류는 날지 못하기 때문에 큰 하천이나 산맥으로 끊어진 지역별로 진화합니다.

겨울과 번식기에 특히 많은 벌레를 잡아먹는 박새. 곤줄박이처럼 호기심이 왕성한 새입니다. 참새나 쇠찌르레기가 찾아오는 정원도 해충의 발생이 매우 억제됩니다.

대나무담에 숨어 있는 도마뱀. 갈라진 벽이나 틈을 좋아하여 인가 주변에서 자주 볼 수 있습니다. 여름날 밤 등불에 날아오는 나방을 노리고 현관 조명등 주변에서 매복하고 있습니다.

팔손이를 화장실 주변에 심는 이유를 아십니까? 꽃은 파리를 불러들이지만 잎은 파리를 퇴치 할 수 있습니다. 퇴비를 만드는 곳에서 구더기가 발생하면 팔손이 잎을 잘라서 뿌려둡시다.

파리를 쫓는데 이용되는 페루꽈리는 옅은 푸른색 꽃이 우아한 꽈리 종류입니다. 봄에 종자를 뿌려 키우지만, 잎이 너무 무성해지는 것이 단점입니다. 반입품종도 권장합니다.

농가와는 이미 친근한 느낌의 아프리칸 메리골드와 프렌치 메리골드는 뿌리혹선충류를 물리칩니다. 꽃이 지면 그대로 흙에 묻어 두도록 합시다.

까마귀를 쫓아낸다

까마귀는 지능이 높고 잡식성인데다, 들새의 새끼를 습격하기 때문에 도시에 사는 새들에게는 골치 아픈 존재입니다. 인재의 성격도 강한 까마귀 피해는 쓰레기를 버릴 때의 매너가 잘 지켜지고 있는 지역에서는 확실히 줄어듭니다.

까마귀를 쫓기 위해 처놓은 화단의 명주실. 날개에 닿는 것을 싫어하는 성질이 있지만, 가끔은 실이 있는 장소를 바꾸지 않으면 익숙해지기 쉽습니다. 미관을 별로 고려하지 않는다면 가장 뛰어난 방법이 아닐런지요?

도시에 많은 것이 이 숲까마귀입니다. "까악~ 까악~" 하고 우는 익숙한 새입니다. 네트를 치는 등 쓰레기장 대책이 이루어지는 지역에서는 나무열매나 벌레를 잡아먹는 익조가 됩니다.

해안이나 강 주변, 농경지에 많은 것이 이 까마귀입니다. 부리가 좁고 고개를 숙이며 "까악~ 끼악~" 우는 소리와 "촉-촉-" 하고 걷는 걸음걸이가 특징입니다. 상록수에 집을 짓는 일도 많은 것 같습니다.

개나 고양이를 쫓아낸다

개나 고양이의 피해는 기르는 사람의 매너도 중요하지만, 나름대로의 방어도 필요합니다. 가시가 있는 식물이나 향기가 강한 타임, 라벤다, 세이지, 페니로열민트, 유카리를 심거나 모래로 부드러운 흙을 덮는 것도 효과적입니다.

구근에 독이 있기 때문에 길가에 심어 들쥐나 두더쥐를 쫓는데 이용되고 있는 피안화. 라이코리스(Lycoris)와 백합과의 구근인 콜키컴(Colchicum autumnale), 은방울꽃 등도 효과적입니다. 화단에 심어두면 두더쥐가 땅을 파는 일도 적어집니다.

생울타리 앞쪽의 커다란 풀이 개를 쫓아내는 콜레우스 카니라(Cloeus canira)이며, 뒤쪽은 고양이를 쫓아내는 란타나입니다. 민트류도 효과가 있습니다. 지면쪽의 아래 부분이 무성해져서 개가 발을 들여놓기가 어려운 구조입니다.

블록 담장을 헐고 호랑가시나무나 산사나무, 매자나무나 탱자나무 등의 가시가 있는 식물들을 혼식한 담을 만들어보면 어떨까요? 담 아래쪽에는 라벤다와 로즈마리, 란타나로 보식합니다.

고양이가 찾아오지 않았으면 하는 장소에는 민트류와 그레코마, 수영, 양파, 마늘, 세파 등을 심어 보십시요. 괜찮은 장소에는 개박하나 키위후르츠를 심습니다.

고양이가 싫어하는 란타나. 따뜻한 지방에서는 한 겨울 외에는 꽃을 잘 피우며 나비나 새들도 불러 모읍니다. 사진과 같은 늘어진 소엽란타나와 반입품종도 권할 만합니다.

손을 대지 않고 깔끔하게 유지하는

비오톱 가든의 관리
Biotope Garden

워터 가든의 수질관리

먹이를 주지 않고 균형을 잡는다

수변의 비오톱 가든에서는 이렇다 할 수질 관리가 필요 없습니다. 굳이 관리를 한다면 송사리나 잠자리 유충 등에게 외부로부터 먹이를 주지 않고 물이 줄어든 만큼만 보충해서 미니 생태계의 균형을 취하는 것입니다.

먹이를 주면 물이 부영양화하고 이끼 등의 조류가 이상 번식하는 원인이 됩니다. 수초, 송사리, 플랑크톤의 사이에서 영양분의 균형이 이루어질 수 있도록 하기 위해서는 필요 이상 손을 대지 않고 미니생태계의 에너지 균형이 안정될 때까지 지켜보는 것이 가장 좋습니다.

간단히 말하면 방치하는 것입니다. 그렇게 하면 물이 다시 맑아지는 것을 확인할 수 있을 겁니다.

여름철 극단적인 수온 상승을 막기 위해서는 물배추나 부레옥잠과 같은 부유성 수초를 띄워도 좋습니다. 해감의 발생도 억제할 수 있습니다. 잠자리 물확과 연못을 만들 때는 식물을 심으면서 극단적으로 흙을 사용하지 말고, 흙에 붙어있는 싹을 심을 때에는 비닐 포트 그대로 모래를 채워 묻습니다.

미니 생태계의 균형이 잡힌 연못에서는 물이 탁해지는 일이 없습니다. 물이 줄어든 만큼만 보충해주면 됩니다. 더운 날이 계속되면 해감이 발생하는 경우도 있지만 민물새우 등을 풀어 놓으면 깨끗하게 잡아먹습니다. 이때 굵은 모래처럼 표면이 거칠거칠한 모래를 사용하는 것이 가장 좋습니다. 이러한 돌은 표면적이 크고 박테리아가 꽉 들어차 있어서 유기물을 분해하여 수질 정화에 도움을 주기 때문입니다. 또한 포트 채로 식재하는 것은 진흙 속에 포함되어있는 비료분이 물속에 녹아 나오는 것을 최소한으로 막기 위해서 입니다. 그래도 미니 생태계의 밸런스는 무너지기 쉽습니다. 잠자리 유충이나 송사리가 너무 불어나면 나누어 옮기도록 하십시오.

미니 생태계의 균형

연못과 물확 속의 생태계 균형에 대해 조금 더 설명하겠습니다. 송사리의 배설물 같은 유기물은 작은 돌에 붙어있는 박테리아에 의해 분해되어 비료분이 됩니다. 비료는 이끼와 같은 식물 플랑크톤과 수초에 흡수되고, 식물 플랑크톤을 물벼룩 등의 동물 플랑크톤이 먹어 버립니다. 그것을 송사리가 다시 먹습니다. 이 사이클이 반복되면 물속의 비료분은 점차 감소하여 물이 다시 맑아집니다. 물이 맑게 유지 되는 것입니다.

송사리 방류는 절대 금지

물확의 송사리나 백운몰개가 지나치게 불어났다고 해서 결코 야외에 방류해서는 안 됩니다. 원래 이러한 생물은 산지가 불분명한 송사리이기 때문에 도망친다면 그 다음이 어떻게 이어질지 알수 없기 때문에 다른 귀화 생물과 마찬가지로 구제가 필요합니다. 재래 생물과 경합이 일어나게 되면 구제에 막대한 노력이 필요하기 때문에 큰 비나 물을 갈아줄 때는 밖으로 퍼지는 일이 없도록 배수구에 반드시 철망을 막아 놓는 것이 좋습니다.

그늘진 베란다용으로 금색잎 석창포와 반입 비비추를 물확에 심고 잠자리의 산란과 우화용으로 사용하고 있습니다. 산지불명의 야생종을 사용하기 보다는 원예식물을 사용하는 것이 훨씬 더 안전하고 아름답게 즐길 수 있습니다.

원예종과 현지의 보통종 만을 사용한다

근처 수변에서 살고 있는 재래종 식물을 이용할 때에는 가능한 광범위하게 많이 분포하는 보통의 종을 사용합니다. 근처에 그런 것이 남겨져 있지 않은 경우에는 억새와 부들처럼 어디서나 볼 수 있는 식물이라도 산지가 불분명한 묘를 사다가 심지 말고 반입 원예종과 외국산 원예종으로 대용합니다. 나아가 종자가 퍼져 날아가기 전에 싹을 잘라내어 소각 처분하는 주의도 필요합니다.

시판하고 있는 원예식물과 멸종위기종의 식물도 종자나 줄기 끊기로 정원 바깥으로 반출하지 말아야 합니다. 이 점 주의해주세요. 비오톱 소재로서 대량 증식되어 팔고 있는 멸종위기 식물은 위험성을 줄이기 위해 개인적으로 즐기는 것도 원래는 하지 않는 것이 좋다고 생각합니다.

혹여 하게 되더라도, 폐쇄된 정원공간에서의 재배에 머물고 혹시라도 야외나 비오톱에 심어서는 안됩니다. 반입 원예식물이라면 만일 야생화 되더라도 구제가 가능하지만, 산지 불명의 야생식물이 일단 밖으로 나가면 본래의 분포가 확실치 않게 될 뿐만 아니라, 그 지역의 야생종과의 교배로 유전자 오염을 만연시키게 되고, 본래 지역의 다양성을 불가역적으로 파괴해버리게 됩니다.

백운몰개는 밖으로 나가게 되지 않도록 주의합시다. 갈고둥은 기수하구 등에서 해수와 담수가 섞이는 곳가 아니면 번식하지 않지만, 만일을 생각해서 배수구로 흘러나가지 않도록 해야 합니다.

선별적으로 제초한다

그것은 자연의 상처를 메우는 것

도시에 공지가 생기면 귀화식물이 일시에 밀려들어 오지만 수년이 지나면 야산의 나무가 모습을 나타내기도 합니다. 그것은 관점을 바꾸어 생각하면 잡초가 대지의 상처를 응급 처치하는 셈입니다. 지피 식물이 되는 뱀딸기나 피막이풀을 남기고 제초하면, 밀려드는 귀화 식물도 줄어들며 정원의 제초도 거의 하지 않고 살 수 있게 됩니다.

귀화 식물도 나름대로 사용하는 방법이 있다

일본에서는 그저 잡초로서 관심을 두지 않는 식물이라도 영국에서는 관심을 두고 사용하는 예가 적지 않습니다. 내츄럴 스타일의 정원과 그라스 가든이라고 불리는 정원에서는 지금까지는 단지 잡초라고 관심을 두지 않았던 풀들이 놀랄 만큼 매력적으로 이용되고 있습니다. 흔히 지나치는 잡초의 아름다움을 발견해 보시지 않겠습니까?

그렇다고 해도 수크령을 아름답게 사용하기 위해서는 센스와 용기가 필요합니다. 우선은 제방과 길 주변에 야생화 되어 있는 고사백합과 큰금계국, 위핑러브그라스 등을 구제를 겸해 가져와서 정원에 심어보면 어떨까요? 주위의 환경에 알맞고 아름답고 돈도 들지 않습니다.

거꾸로 자연이 풍부하게 남아있는 별장지 등에서는 지나치게 퍼진 억새를 깎는다든지 개망초를 뽑아내는 것만으로도 고유한 야생종이 흐드러지도록 아름답게 피는 환경을 유지하는 것이 가능합니다.

하마나고 꽃 박람회에 출품된 〈공존의 정원〉에서 선택적 제초작업 중 정원에 들어온 갯무나 갯패랭이꽃, 뱀딸기, 붉은토끼풀 등을 남겨 디자인에 포함시켜 놓은 모습입니다.

정원에 침입한 잡초 중에서 왕성한 번식력으로 다른 식물을 제압하는 식물과 저해 식물로 다른 식물의 생장을 억제하는 귀화식물만을 제초하고, 강아지풀 등 재래종과 철포백합 등 원에 가치가 높은 귀화식물은 남기고 있습니다.

대응하기 어려운 식물

가시박 _ 왕성하게 우거져 다른 식물을 덮어 버리게 됩니다.

아카시나무 _ 저해 식물로 다른 식물의 생장을 억제합니다.

양미역취 _ 생장 저해물질이 나옵니다.

흰도깨비바늘 _ 몸에 붙어서 이동하면 폭발적으로 증식합니다.

도깨비가지 _ 지하경으로 번식하며 생장저해 물질을 냅니다.

망초 _ 종자로 폭발적으로 증식합니다.

자주광대나물 _ 호질소성 잡초로서 정원에 만연합니다.

개망초 _ 생장저해 물질을 내며 폭발적으로 증식합니다.

자주풀솜나무 _ 종자로 폭발적으로 증식합니다.

낙엽을 소중히

이른 봄의 꽃도 즐기고 낙엽도 어울리는 정원

매년 가을이 되면 어김없이 떨어져 쌓이는 낙엽 청소는 보통 큰일이 아니고 끝도 없습니다. 섣불리 하다가 허리가 아플 정도가 되면 그것도 어리석은 짓이기 때문에, 생각을 바꿔 올해부터는 낙엽이 쌓여 만든 아름다움을 정원에 끌어들여 보면 어떨까요? 정원의 소로 주변이나 커다란 나무 아래를 둘러싸듯이 적어도 무릎 정도까지의 높이로 낮은 생울타리를 둘러치고 그 가운데 낙엽을 담아 넣습니다. 지피 식물로는 송악, 담쟁이덩굴, 맥시코담쟁이, 반입 맥문아재비 등을 심어두면 낙엽이 날리는 일도 없습니다. 그곳에 구근류 등을 심어두면 이른 봄 나뭇가지 사이로 햇볕이 비쳐들고 낙엽 틈으로부터 히아시스나 아네모네, 크로커스 등이 얼굴을 내밀어 제법 이른 봄다운 표정을 연출해 줄 것입니다. 화단 가운데 쌓인 낙엽을 적극적으로 남겨두면 서리나 북풍의 피해로부터 겨울 초화를 지킬 수 있습니다. 낙엽의 푹신푹신한 덮개 덕택에 가

낙엽은 정원의 악세서리입니다. 정원을 청소하고 깨끗하게 비운 후에 낙엽을 흐트러트려 풍경의 정취를 연출한다는 고사도 생각납니다. 가드닝 소재로 보다 적극적으로 이용하고 싶은 요소입니다.

을에 심은 구근의 생장도 순조로워, 때가 되지 않았는데도 봄꽃이 얼굴을 내미는 의외의 즐거움을 얻을 수도 있습니다.

그것은 지속가능한 생활의 첫걸음

퇴비나 부엽토를 만들 때 없어서 안되는 것이 낙엽입니다. 사정이 허락한다면 정원의 한쪽 구석이나 커다란 나무 밑에 낙엽을 모아 부엽토를 만드는 울타리를 준비해 두는 것도 좋습니다. 크게 만들 필요도 없습니다. 최소 1㎡ 전후의 귀여운 부엽토 장을 정원 장식물로 만들어 보세요. 정원 가꾸기를 하다가 나온 작은가지나 대나무, 폐자재, 가든샵에서 팔고 있는 접이식 펜스 등을 이용해도 좋을 것입니다.

낙엽은 부엽토로 이용할 수 있을 뿐 아니라 여러 가지 생물들의 월동 장소가 되기도 합니다. 나아가 그곳에 숨어 있는 벌레들을 노리고 딱새, 쇠찌르레기, 흰배지빠귀, 멧비둘기 등과 때까치가 찾아올지도 모릅니다. 따뜻한 부엽토 속에서 풍뎅이나 장수풍뎅이 유충이 발견될 수도 있습니다. 정원에서 곤충 찾기의 모험도 즐겨 볼 수 있도록 지금부터 준비해보면 어떨까요?

참, 낙엽이 환경 회복에 미치는 영향은 우리들의 상상을 초월할 정도로 중요하다고, 가나가와 현립 '생명의 별 - 지구 박물관' 관장을 역임한 아오키 슈니치(요코하마 국립대학 명예교수)도 주장하고 있습니다. 정원의 낙엽을 가정 쓰레기로 버릴 것이 아니라, 유기 비료로 다시 흙으로 되돌리는 것이 생태계 순환을 유지하는 길입니다. 그 장소, 그 지역에서 생산된 것을 그 지역에서 다시 소비하는 것. 지속가능한 순환 경제를 위한 하나의 방법이며, 마찬가지로 낙엽의 재이용 역시 그 지역 생태계에서의 물질 순환이라고도 할 수 있습니다.

울타리 옆으로 산더미같이 높이 쌓인 낙엽 쿠션은 고양이의 낮잠 장소로서도 사용됩니다.

비오톱 가든을 더 깊이 연구해보자

<table>
<tr><td>

Biotope
Garden
chapter 1

</td><td>

비오톱 가든을 시작해보자 _ 어떤 비오톱 가든을 만들고 싶으세요? 비오톱 가든을 만드는 과정에는 무엇이든 자유롭게 결정할 수 있는 즐거움이 있습니다. 비오톱 가든은 어떤 입지조건에서도, 어떤 스타일의 정원에서도 만들어질 수 있기 때문입니다. 여러분의 생활 스타일에 맞춘 정원에, 마음에 드는 생물들이 숨을 수 있는 공간을 조합해 놓으면 그것이 바로 비오톱 가든입니다.

</td></tr>
</table>

■ **어떤 스타일의 정원을 만들 것인가**

우선 결정할 것은 다음 세 가지입니다.

① 어떤 스타일의 정원으로 만들 것인가? ② 어떤 생물을 불러들이고 싶은가? ③ 어떤 생물이 오지 않기를 원하는가?

그리고 그 생물은 무엇을 먹고 어떤 곳에서 생활하는가? 혹은 그런 생물들이 살지 않는 생활환경은 어떤 것인가? 어떤 식물을 싫어하는가? 천적은 무엇인가? 천적은 어떤 환경을 좋아하는가? 등을 조사해 봅시다.

'한번 정원 가꾸기를 해볼까' 하는 사람들과 '비오톱이란 무엇일까' 를 생각하는 사람들에게 이런 과정은 매우 힘들게 여겨질 수 있습니다. 하지만 크게 걱정할 필요는 없습니다. 그런 사람들을 위해서 여러 가지 스타일의 비오톱 가든 사례를 상세히 소개해 놓았기 때문입니다. 그러면 먼저 어떤 스타일의 정원으로 만들 것인가에 대해 간단하게 설명하도록 하겠습니다.

■ **포인트는 식물의 선택**

정원 스타일에는 일본풍, 키친 가든풍, 잉글리쉬 가든풍 등 여러 가지가 있습니다. 그리고 만약에 일본 정원이라고 하면 소나무, 매실, 동백, 천량금 등이 떠오를 것입니다. 포인트는 그 각각의 스타일을 연출하는 식물의 선정에 있습니다. 식물이 갖고 있는 고유한 분위기의 차이를 알기 위해서는, 예를 들어 먹이풀(46쪽 참조)의 선정 방법 차이를 비교해 봅시다. 일본풍이라면 배추흰나비를 유인하기 위해 유채를, 산호랑나비를 위해서 파드득 나물을, 호랑나비나 남방제비나비 등을 위해서는 유자를 선정합니다. 키친 가든풍에서는 브로컬리, 파셀리, 금귤 등이 제격입니다. 잉글리쉬 가든풍에서는 월플라워, 레이스플라워, 레몬 등을 나누어 사용해 보는 것도 재미있을지 모릅니다.

그렇지만, 실제로는 잉글리쉬 가든이라고 하더라도 파셀리는 물론 소나무나 미국 동백 등도 심고 있습니다. 식물의 선택이 스타일에 어느 정도 영향을 준다는 점을 감안하고, 각각의 스타일에 대해서는 상세하게 설명해 놓은 앞쪽의 각 코너를 참고해 주세요.

■ **물 마시는 접시 하나로도 비오톱 가든이 된다**

이제 목표가 정해졌다면 우선 간단한 것으로부터 시작해 봅시다. 처음부터 힘들여 하지 말고, 먼저 베란다 같은 곳에 물 마시는 접시나 간단한 먹이대 혹은 물확을 갖다 놓아보세요.

도쿄 시부야구의 한 맨션 베란다에 둔 물확 먹이대. 이른 아침부터 참새나 방울새가 먹이를 먹으러 옵니다.

갑자기 적지 않은 돈을 들여서 정원을 꾸몄다가 실패한다면 쳐다
보기도 싫어집니다. 사실 물 마시는 접시 하나 갖다 놓는 것을 가
드닝이라고 부르기에는 조금 그렇지만, 의외로 비오톱 가든으로
서는 충분한 효과를 발휘합니다. 우선은 시험적으로 두어보고 어
떤 생물들이 이용하는가를 관찰한 후에 조금씩 본격적으로 시도
해보는 것도 나쁘지 않습니다.

■ 꿀이 있는 꽃을 둔다

화분의 식물은 나비를 부르는 밀원과 먹이풀이 되기도 하고, 새
들의 은신처나 먹이 등 다양한 역할을 합니다. 란타나나 부들레
아는 화기가 길고 지속적으로 피기 때문에 여러 가지 나비가 찾
아옵니다.

밀원의 경우, 포인트는 겹꽃보다는 홑꽃을 고르는 것입니다. 겹꽃
은 보기에는 좋지만 수술이 꽃잎으로 변화한 것이 많고 꽃가루나
꿀이 적기 때문에 비오톱 가든용으로는 치명적인 결점이 있습니
다. 수국보다는 원예품종 수국을, 장미라면 소륜 다화성 홑꽃 품
종을 권합니다.

나비와 새를 부르는 화분의 식물. 올리브, 루드베키아, 큰금계국, 꽃범의
꼬리, 제라늄, 참억새 등이 사용되었습니다.

누구라도 가능한 작은 자연보호

산책 도중 길가의 아스팔트가 갈라진 틈에서 싹튼 제비꽃 한 송이가 봄을 예고하고 있는 것을 본 적이 있습니
까? 그리고 그 꽃이 피고 있는 장소가 예전에는 밭 가운데의 큰 길이었는데, 30년 사이에 집이 들어서고 포장
이 되고 숲이 없어지고 꿩이 모습을 감췄는데, 그래도 그곳에서 매년 봄을 알리고 있었구나 하고 새삼 생각해
본 일은 없으십니까?

얼마 전 결국 베어진 느티나무는 그 집이 생긴지 150년전 이 주변이 아름다운 숲이었을 때부터 그곳에 살아
왔던 것입니다. 블록담장 아래의 소엽 맥문동이나 개고사리, 동백나무, 생울타리 속의 동박새, 아름다운 꽃
에 무심코 날아온 배추흰나비, 그리고 두더지나 박쥐, 도마뱀……. 도시에 남겨진 자연의 조각 속에서 그들
도 살아가려고 무언가를 열심히 하고 있는 중입니다. 실은 도심에서도 눈에 띄는 야생생물들의 종류가 의외
로 많다는 것을 이미 눈치 챘을 것입니다. 그래서 우리들 중 한 사람이라도 시작할 수 있는 자연보호의 방법
으로, 주변의 야생생물과 더 가깝게 생활할 수 있는 정원을 생각해 보았습니다. 그것이 비오톱 가든입니다.

약간의 공리와 배려로 여러분의 창가는 생명의 요람으로 바뀔 터입니다. 친근한 생물들과 보다 가깝게, 보다
즐겁게 같이 살아갈 수 있을 것입니다. 그리고 보다 중요한 것은 그러한 창가의 작은 자연 조각들을 이어주는
생울타리나 가로수, 길가의 잡초, 천변의 제방, 공원의 숲, 논과 밭, 산과 들, 하천 등이 창가의 요람을 커다란
생명의 요람으로 이어주어 여러분 주변의 자연을 보다 풍요롭게 만들어 주는 것입니다.

21세기는 자연과의 공생의 시대입니다. 비오톱 가든은 그러한 시대의 메시지이기도 합니다.

■ 먹이풀은 되도록 많이 준비한다

먹이풀이라고 하더라도, 귀중한 화분을 벌레들이 다 먹어버리도록 방치하고 싶진 않을 것입니다. 예를 들어 파세리를 한 주만 심어 놓는다면 눈 깜짝할 사이에 줄기만 남아 버리기 때문에 되도록 넉넉하게 심는 것이 좋습니다. 작은 식물이라면 플랜터에 적어도 다섯 주 정도는 모아서 심어야 합니다. 나중에도 언급하겠지만 어느 정도 큰 화분을 놓는 편이 벌레에게 먹혀도 별 문제가 되지 않기 때문에 느긋해질 수 있습니다.

그리고 비오톱 가든을 어렵게 생각할 필요가 전혀 없습니다. 식물을 살 때 "이 식물은 꿀이 많을까" 하며 흥미 본위로 고르거나, "요리 향료로서 이탈리안 파세리가 있으면 어떨까"라는 생각을 하면서 "조금 무리해서 다섯 주나 사버렸다. 아이들과 함께 관찰하려고 하는데 산호랑나비의 유충이 먹으러 와도 좋을 텐데" 하는 생각을 하면 즐겁게 시작할 수 있습니다. 그런 점에서 처음 시작하는 사람들에게는 조금 커다란 금귤 화분을 권합니다. 이 정도면 꽃도 좋고 향기도 나서 새들도 찾아옵니다. 물주기를 한두번 잊는다고 말라죽지 않고 명절에 한 구석을 치장할 수도 있습니다. 조금씩 시작해 보세요.

■ 모아 심기라고 해도 깊이는 깊다

다음은 조금 힘이 드는 부분인데, 베란다와 같은 곳에서 약간의 공간만 있으면 즐길 수 있는 것입니다. 예를 들어, 플랜터 가든을 이용한 화단과 키친 가든풍의 정원 만들기라 할 수 있습니다. 앞에서 나온 예와 다른 점은 플랜터를 사용한다고 해도 식물을 한 종류만 심는 것이 아니라 의도적으로 상당히 여러 종류를 조합하는 것으로서, 약간은 속임수 기법이 필요하게 됩니다. 예산도 어느 정도 들지만 즐거움이 기하급수적으로 증가하는 것을 생각하면 저렴한 편입니다. 시작해보면 의외로 깊이가 깊고 제법 빠져들게 될 것입니다.

포인트는 새를 부르는 열매가 열리는 나무와 꿀이 많은 꽃으로 나비를 부르는 화려한 식물 그리고 먹이풀로서 송충이에게 먹히는 자기 희생식물(물론 그것뿐만이 아니기는 하지만)을 불러들이고 싶은 생물의 기호에 맞춰 조합하는 것입니다. 34쪽의 베란다, 옥상의 비오톱 가든에서 이미 설명했기 때문에 상세한 내용은 그 부분을 참고하여 주십시오.

■ 정원이 있다면

마지막으로는 역시 본격적인 정원들로서, 예를 들면 영국풍 비오톱 가든과 같은 것입니다.

하나마고 꽃 박람회 때 만들어진 '공존의 정원' 안내판이 마음에 든 멧새. 잠자리 연못에서 목욕을 한 후 이곳에서 일광욕을 하는 것이 일과가 되었습니다.

물론 일본풍도 같은 정도의 수준입니다. 별로 전정을 하지 않는다거나 예를 들면 이끼정원으로 유명한 교토의 사이호지(西芳寺) 정원의 수목들처럼 편안한 느낌으로 서 있는 모습입니다. 그렇게 서 있는 나무들 밑에 가을풀들이 무성하게 자라고 있는 일본풍의 내츄럴 스타일이라고 할 수 있을까요? 가장 손이 많이 가기는 하지만 일단 안정된 생태계가 이루어지면 병충해 발생도 적고 제법 관리도 필요 없는 정원이 이루어집니다.

보기에 깔끔할 뿐인 정원에 식상한, 혹은 지금까지의 정원 조성방법에 회의를 가지는 사람에게 권할 수 있는 스타일입니다.

이 정도의 스타일이 되면 어느 정도 조경적인 경험이 필요하게 됩니다. 커다란 나무 그늘에서는 어떤 식물이 어울리는지와 같은 판단을 해 가면서 보기에만 아름다운 정원을 꾸미기 보다 생물들의 생활을 위해서는 무엇이 필요한가도 생각하면서 정원을 디자인하게 되는 것이죠. 조합 가능한 식물의 종류가 비약적으로 늘어나게 되므로 상당히 지적인 작업이 요구됩니다. 그렇기는 하지만 기본은 플랜터 가든과 그렇게 다르지 않습니다. 다만 여러 가지 환경조건이 복잡하게 결합된 정원을 만들 수 있기 때문에 조금 면적이 있는 정원이어도 생활의 깊이로서 즐길 수 있을 것입니다.

종자로부터 개화까지 7년, 옛날부터 자생해왔던 얼레지가 증식하여 경사면의 대부분을 덮고 있습니다. 아이치현(愛知縣) 아스케마을(足助町) 이이모리야마(飯盛山) 북서사면에 만들어진 약 0.5ha의 군락지입니다.

이용할 수 있는 식물의 특징으로서는 누가 뭐라 해도 커다란 수목을 사용한다는 점에서 다른 스타일과는 맛이 다른 비오톱 가든의 기능을 더하게 됩니다. 여기에 여러 생물을 위해서 아이디어가 조금 가미된 코너를 만들어 즐겨보면 더욱 좋습니다. 숲을 구성하는 식물, 초지를 구성하는 식물, 수변을 구성하는 식물 식으로 정원의 배식을 몇 개의 비오톱 기능별로 모으고 군락 단위로 생각해가며 디자인할 필요가 생기게 됩니다.

■ 좋아하는 생물을 불러들이기 위해서는

당신이 살고 있는 곳 인근에 마음에 드는 생물들이 서식하고 있는 지를 확인하였다면, 곧바로 이 생물들이 좋아하는 환경을 만들어 주십시오. 새들이라면 열매가 달리는 나무나 목욕을 할 수 있는 장소, 나비라면 꿀이 많은 꽃과 유충의 먹이풀이 되는 잎들, 잠자리의 경우에는 밝고 트인 장소와 물확, 메뚜기라면 억새 등이 울창한 풀숲이 그 조건입니다.

그렇지만 조금 기다려야 합니다. 생물들은 경계심이 강해서 여간해서 당신의 창가에는 놀러오지 않을 수도 있습니다. 그럴 때는 천천히 여유 있게 구성해 놓고 어찌됐든 기다려 보세요. 잊을 만하면 불쑥 정원 근처에 놀러가거나, 들르거나 하는 정도로 짐짓 무심한 척 하면서요. 그리고 아름다운 손님이 찾아 왔다고 해서 소란을 피우지 않는 것이 중요합니다. 신경 쓰지 않는 척하면서 조용히 지켜봐 주세요.

그리고 또 한 가지! 생물들은 변덕꾸러기라는 점. 정원과 베란다에 아무 생각 없이 놓아둔 것을 생각지도 못한 방법으로 이용하기도 합니다. 예를 들어 박새 한 쌍은 일부러 정원의 나무에 매달아 놓은 새집을 이용하지 않고 정원의 한구석에 방치해둔 화분 속에 알을 낳기도 합니다. 여러분이 평생에 걸쳐 열심히 공부해도 그들은 생각한대로 행동해주지 않는 것이 보통입니다. 무엇이 비오톱 가든에 필요하고, 무엇이 필요하지 않는가는 생물들이 결정합니다. 의외의 것과 예상 밖의 장소를 이용하고 있는 생물을 발견했다면 그것은 당신만의 발견입니다. 우리들에게 있어서는 일견 무의미하게 보이는 것도 생물들에게는 중요한 것이 되기도 합니다. 그것을 잊지 말도록 하십시오.

입지조건의 결정

입지조건의 결정 _ 어떠한 입지 조건에서도 만들 수 있는 것이 비오톱 가든이라고 이야기했지만, 모든 스타일이 가능한 것은 아닙니다. 입지조건에 따라 제한되는 것도 여러 가지 있습니다. 우선 입지조건과 관련해서 주의해야 할 포인트는 집 주변의 환경, 지형의 차이, 기후에 의한 식생 지역의 차이 3가지로 모아집니다.

Biotope Garden
chapter2

■ 집 주변의 환경

집의 어느 쪽에 정원을 만들 것인가에 따라 햇볕의 쪼임과 통풍, 습기 등의 조건이 달라지고 그것을 이용하는 생물도 달라지기 때문에, 정원의 위치는 어떤 정원이 가능한 지를 결정하는 요인이 됩니다.

예를 들어 북측의 햇볕이 잘 들지 않는 정원에서는 남방제비나비, 제비나비, 큰줄흰나비, 굴뚝나비, 노란허리잠자리 등 숲가를 좋아하는 생물들을 부르기 쉽기 때문에 그들이 좋아하는 것에 맞추어서 계획할 필요가 있습니다. 남방제비나비나 제비나비를 위해서는 산초, 산나리(카사블랑카), 비비추 등이 좋습니다. 큰줄흰나비를 위해서는 케일이나 소래풀 등입니다. 굴뚝나비를 위해서는 조릿대 등을 심도록 합니다. 노랑허리잠자리를 위해서는 반입석창포를 심은 물확과 산란용으로 짚을 몇 개 정도 띄워주는 배려가 필요합니다. 사상카동백과 동백나무 등의 울타리를 둘러쳐서 겨울철에 동박새나 직박구리, 휘파람새를 불러들이는 것도 좋을 것입니다.

동측과 남측에서는 어느 정도 일조가 확보되기만 하면 여러 가지 과수나 초화로 새나 곤충을 불러들일 수 있어서 특별히 힘들이지 않아도 됩니다. 또한, 서향을 싫어하는 식물이 제법 많다는 점을 알아두어야 합니다. 책을 참고해가면서 고르도록 하십시오. 벽면에 트렐리스 등을 부착하여 멀꿀과 키위후르츠, 미국배풍등과 붉은꽃인동덩굴, 아이비, 마삭줄 등을 햇볕이 좋은 곳에 심게 되면 여름철 냉방비가 훨씬 줄어듭니다.

■ 지형의 차이

'구릉 지대나 부지가 높은 지대인가, 계곡에 해당되는 장소인가, 커다란 하천변의 토지인가' 등등 각각의 지형조건에 맞춰 디자인할 필요가 있습니다. 고지대라면 물확이라도 문제없지만, 연못 등 수변환경을 갖추려면 쉽지 않습니다. 물 흐름을 좋아하는 생물들은 차분한 계곡에 집중적으로 서식하고 있기 때문에 건조한 대지 위에는 찾아오지 않을지 모릅니다.

■ 주변과의 궁합도 중요하다

하천 주변의 토지도 사정은 비슷합니다. 하천에 쇠백로가 찾아 왔다고 해서 자신의 정원에 작은 물 흐름을 만들면 찾아올 것이라고 단정할 수는 없습니다. 실제의 하천 쪽이 훨씬 더 풍부하고 안전하기 때문입니다. 그렇지만 최소한 흰뺨검둥오리나 물잠자리처럼 유수역에서 번식하는 잠자리 종류들은 찾아올지도 모릅니다.

생물의 종류에 따라 필요로 하는 환경의 스케일도 차이가 있다는 것을 고려해

햇볕을 받는 서향의 벽면에 프레임을 설치하고 등나무와 능소화, 포도덩굴, 노박덩굴 등이 감고 올라가도록 하였습니다. 그 외에 청사조, 인동, 붉은꽃인동덩굴 등도 권장합니다.

상점가의 화분에 만들어진 멧비둘기의 집. 까마귀에게 새끼가 잡아먹히지 않도록 사람들이 많은 장소를 선택하였습니다.

야 합니다. 그리고 그런 점을 감안해서 반대로 주변 환경에 없는 요소를 보완하도록 디자인할 필요도 있습니다. 하천과 가까운 개방된 곳이라면 새들이 쉴 수 있도록 열매가 열리고 키가 높은 나무를 심는 배려가 중요합니다.

■ 지역과 기후에 따른 식생지역의 차이

'해안과 가까운 바다 바람을 맞는 장소인가, 혹은 마을 산인가, 어떤 지역의 해안인가, 적설지인가' 등등 지역과 기후에 따른 차이가 식물을 키우는데 큰 영향을 미칩니다.

일본의 경우 관동 평야부터 서측의 태평양 해안지대의 평지나, 긴키지방 서쪽의 산악지대를 제외한 대부분의 지역은 상록활엽수림대의 온난한 환경에서 울창해지는 숲이 있는 지역입니다. 졸참나무, 구실잣밤나무, 가시나무 등으로 대표되는 해안성 또는 구릉지대의 숲이 특징적이지요. 보통 구실잣밤나무의 숲은 해풍을 받는 바다와 가까운 곳에서 발달하며, 조금 내륙의 구릉지대에서는 가시나무 등이 확장되는 정도입니다. 졸참나무 숲은 이러한 숲들을 벌채한 이후에 생기는 것입니다.

산악성의 서늘한 지역에서는 낙엽활엽수림대가 성립합니다. 긴키지방의 산악지대와 비와코로부터 내륙부를 동쪽으로 이어가며 관동평야 동쪽 대부분의 지역에 분포하는 신갈나무나 너도밤나무 등이 대표적입니다.

■ 가드닝에서도 TPO(Time, Place, Occasion)가 있다

기후에 따른 식생의 차이로 이용을 단념할 수밖에 없는 식물들도 꽤 있습니다. 예를 들어, 눈이 많이 오는 지역에서는 잎이 생장하는 리코리스(Lycoris)나 상록 아가판서스의 종류 등은 이용할 수 없습니다. 각각의 토지 특성을 고려해 정원을 만들지 않으면, 아무리 관리를 잘하고 돈을 들여도 정원 가꾸기가 원활하게 이루어지지 않습니다.

나가노 올림픽 때 역 앞에 가시나무 가로수를 조성했다가 반 이상이 고사했던 것은 유명한 이야기입니다. 당시 여러 신문에서 보도된 것처럼 그곳은 낙엽활엽수림대의 중심부로서 온난한 상록활엽수림에서 생육하는 가시나무에게는 너무 추운 지역입니다.

잉글리쉬 가든이 일세를 풍미할 때 여러 가지 가드닝 책들이 소개 되었지만, 그 책에 나온 식물들의 대부분은 상록활엽수림대에서는 사용하지 못하는 것이었습니다. 알케밀라 몰리스(Alchemilla mollis)나 에린지움(Eryngium), 아름다운 대형 델피늄 등은 너무 더워서 여름을 넘길 수 없습니다. 보다 서늘한 낙엽활엽수림대나 나아가 가혹한 기후의 상록침엽수림대(아고산대), 혹은 북해도의 침엽활엽수 혼효림대에 맞는 식물이 주로 사용되었기 때문에, 그대로 흉내를 낸다고 해도 일본의 절반 이상의 지역에서는 아예 성립 불가능한 정원이었던 것입니다.

원래 잉글리쉬 가든의 아름다움과 그 안에 담겨 있는 정신과 스타일에서는 배울 점이 많고, 비오톱 가든에서도 내츄럴 스타일이 십분 활용되고 있습니다. 사실 잉글리쉬 가든의 식물 대부분은 원래 일본 식물을 개량했던 것이기 때문에 요점을 찾아서 재구성하면 의외로 간단하게 즐길 수 있습니다.

예전에 어느 정원 잡지의 표지에 매우 훌륭한 잉글리쉬 가든의 사진이 소개된 적이 있었습니다. 학생들에게 이 사진 속 정원에 일본 식물이 몇 종류나 있을 것 같냐고 물어본 후, 90%라고 알려주자 모두 놀란 적이 있습니다.

일본 숲은 크게 나누어 관동지방 서쪽의 따뜻한 숲을 대표하는 상록활엽수림대와 관동 내륙부 동쪽의 서늘한 숲을 대표하는 낙엽활엽수림대, 추운 숲을 대표하는 북해도의 침엽활엽 혼효림대로 나누어 집니다.

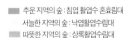
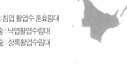

■ 추운 지역의 숲 : 침엽 활엽수 혼효림대
서늘한 지역의 숲 : 낙엽활엽수림대
■ 따뜻한 지역의 숲 : 상록활엽수림대

원예식물 이용을 위한 식물선정법

비오톱 가든에서 이용하는 식물은 화원에서 손쉽게 구할 수 있거나, 근처 공원이나 제방 등에서 살고 있는 일반적인 식물이 대부분입니다. 주변에서 살고 있는 생물들이 우리들의 집 주변에서 흔히 자라고 있는 식물들을 어떻게 이용하고 가혹한 도시환경에서 살아가고 있는 지를 아는 것은 중요합니다. 그런 식물들을 우리의 생활공간에 잘 끌어들임으로써 주변의 생물도 배려하는 일상생활을 실현할 수 있지 않을까 생각됩니다.

■ 도시 생태계를 재구성한다

주변 환경을 살펴보면 우리들이 살고 있는 주택지나 도시의 식물들에 약간의 특징이 있음을 알 수 있습니다. 본래 있었던 산과 강, 수림과 숲, 초지 등의 야생식물이 모습을 감추고, 그 대신에 여러 가지 원예, 조경용 식물과 귀화식물로 바뀌게 된 것입니다.

물론, 원래 있었던 식물도 가로수와 정원 식물로서 조금은 살아 남아있지만, 밝은 곳이나 어두운 곳, 습한 곳이나 건조한 곳, 각각의 환경에 맞춘 원예식물이 본래의 식물 대신에 생활하고 있는 것이 사실입니다. 그리고 그곳에서 아주 일부의 고유 식물과 세계 각지에서 온 여러 원예식물 등으로 이루어진 기묘한 생태계가 만들어지고 있습니다. 그러한 장소에서 참새나 직박구리, 호랑나비, 두꺼비, 장지뱀 등 야생동물과 곤충 등이 어렵사리 생활하고 있습니다.

꽃부추가 피는 불모지에서 먹이를 찾고 있는 쇠찌르레기

■ 생태적 지위가 같다?

조금 더 구체적으로 설명하면, 예를 들어 직박구리의 살아가는 모습을 비교해 봅시다. 야산에서 살고 있는 직박구리라면 산벚나무 꽃과 꿀을 먹고 버찌를 먹고 있을지 모릅니다. 매실이나 다래 열매, 가막살 나무나 장딸기의 열매도 매우 좋아합니다. 반면 도시에서 살고 있는 직박구리는 왕벚나무 꽃의 꿀을 먹고 그 버찌를 먹으며, 미국산딸나무와 키위후르츠 열매, 피라칸사스나 라즈베리 열매도 마다하지 않습니다.

아울러 큰줄흰나비가 사는 모습도 비교해 볼 수 있습니다. 야산의 큰줄흰나비 유충은 좀냉이나, 갯갓냉이의 잎을 먹어가며 성충이 되고, 숲가를 날아다니면서 엉겅퀴나 미역취 등의 꿀을 빨고 있습니다. 도시에서 살고 있는 큰줄흰나비의 유충은 크레송이나 한련 등의 잎을 먹으며 성충이 되고, 건물의 그늘을 날아다니면서 아게라텀이나 양미역취의 꿀을 먹으며 살아가고 있습니다.

이것을 좀 더 과학적인 말로 바꿔 말하면 "야생식물 대신에 생태적 지위가 같은 원예식물을 이용한다" 라고 말할 수 있습니다.

■ 주변의 균형도 생각해 보자

학교의 정원이나 공원 한편에 비오톱을 만들고 본래의 자연으로 복원하는 것도 좋지만, 개인의 정원과 공원을 옛날의 생태계로 되돌리기 위해서는 원예식물 재배를 재고해야 한다고 말하는 것은 아닙니다. 혹시라도 호랑나비가 아무리 많이 온다고 해서 정원에 거지덩굴을 빽빽하게 심어놓고 생활했으면 하는 사람은 흔치 않을 것입니다. 동박새나 휘파람새가 온다고 해서 근세를 어수선할 정도로 무성하게 하는 것도 주변 사람들에게 폐를 끼치는 느낌이 들 것입니다. 도시의 생활

공간 속에서는 본격적인 자연을 끌어들인다고 하는 것이 아무래도 적합지 않아서 뭔가 맞지 않는 듯한 느낌이 드는 것이 사실입니다. 공원처럼 어느 정도 큰 면적이라면 그것도 좋을지 모르겠지만 말입니다.

눈까치밥나무는 초여름에 열매가 달립니다.

■ 지역과 기후에 따른 식생지역의 차이

그렇다면 어떻게 도시에 사는 야생생물에게도 좋고, 사람도 살기 편한 공간을 만들 수 있을까요? 답은 간단합니다. 야생식물이 해왔던 것과 동일한 역할을 대신할 수 있는 원예식물을 잘 조합하여 도시 생태계를 재구성해보는 것입니다. 지금까지는 사람이 보기에 아름답다고 느끼며, 쾌적하다고 생각하는 공간을 만들어내기 위한 목적만으로 정원과 가로나 공원 그리고 옥상에 여러 가지 식물을 심어 왔습니다. 도시에서 생활하고 있는 야생생물들은 그런 식물들을 이용하면서 그럭저럭 생활하고 있는 형편입니다. 따라서 동일한 원예식물을 심는 경우에도 주변의 야생생물이 좀 더 이용하기 쉽도록 배려하면서 조합을 연구하면 좋을 것입니다.

엄밀한 의미의 비오톱 조성을 위해서는 외국식물은 안된다는 것이 아니라, 현존하는 도시 생태계를 적절하게 재이용해 보자는 것입니다.

■ 포인트는 두 가지

실제로는 어떻게 하는 것이 좋은가 하면, ① 구하기 어려운 야생식물은 사용하지 않는다, ② 야생식물 대신에 생태적 지위가 같은 원예식물을 이용한다, 이 두 가지 입니다.

비오톱은 원래 들새와 곤충들만을 위한 것은 아니며, 야생식물을 비롯하여 여러 가지 생물들을 위한 서식지입니다. 따라서 원래 그 지역에서 살고 있는 야생식물을 심는 것이 가장 좋습니다만, 근처의 숲이나 강 주변으로부터 개인의 정원으로 가져와서 옮겨 심는다면 그것은 그야말로 자연 파괴일 뿐입니다. 그런 점에서 야생식물과 동일한 역할의 원예식물을 정원에 심어 사람과 생물에게 모두 바람직한 정원을 만들 수 있다고 생각합니다.

■ 야생종과 유사한 역할을 하는 원예종을!

예를 들면 장딸기와 멍석딸기 대신에 블랙베리와 라즈베리를 심으면 새들도 불러들이기 쉬우면서 잼도 만들 수 있습니다. 전부 수확하지 말고 반은 주변의 야생생물들을 위해서 남겨 두도록 하십시오.

나비를 불러들이기 위해서는 나비나무라고도 부르는 부들레아(Buddleja)를, 나무 수국이나 둥근수국(Hydrangea involucrata) 대신에 떡갈잎수국(Hydrangea quercifolia)을, 산나리나 점박이나리 대신에 카사블랑카나 루레브를 사용합니다. 무언가 우아하면서 생물들에게도 바람직한 정원이 될 것입니다. 본격파인 척하며 근처의 숲으로부터 가져온 야생식물을 정원에 심어도 그것은 아무 의미가 없습니다. 일본의 경우 조금 눈에 띄는 야산이라면 10m 사방 숲 속에 30종에서 80종 가까운 식물들이 생육하고 있는 것이 일반적입니다. 그러한 것을 전부 가져와서 작은 정원에 심는다고 해도 그렇게 잘되지도 않습니다. 그런 식물들이 잘 생육할 수 있는 환경을 만들어 안정시키기 위해서는 그 나름대로의 넓이가 필요하기 때문입니다. 그보다는 생산성이 훨씬 더 높은 원예식물을 잘 조합해 놓은 정원이 주변의 야생식물에게도 어느 정도 비오톱적인 가치가 있는 정원이라 할 수 있습니다.

■ 자연을 파괴하지 않는 것이 가장 중요하다

도쿄 시부야 주변의 건물 옥상에 비닐 시트로 연못을 만들어, 조름나물과 물파초를 심고 어딘가에서 가져온 장수잠자리와 물장군, 송사리 등을 키우고 있는 사람을 알고 있습니다. 근처에 그 생물들이 전혀 남아있지 않는 장소에 희귀한 생물들을 수집해 놓았다고 해서 "이것을 비오톱이다, 자연보호 활동이다"라고 말할 수는 없다고 생각한 것은 저뿐일까요?

조름나물과 물파초는 대체 어느 곳으로부터 가져온 것일까요? 사가지고 왔다고 해도 업자가 인공배양한 것일 겁니다. 분명히 말하지만, 개인 정원에 비오톱을 조성하면서 남획과 생태계 교란 등의 자연파괴가 이루어져서는 결코 안됩니다. 우리는 이 점을 우려하고 있습니다. 개인적으로 만들 수 있다면, "비오톱이 아니라 비오톱 가든을"이라는 슬로건을 저는 10년 전부터 계속 개인전과 TV 그리고 신문 등에서 호소해 왔습니다. 최근 들어 문제가 되기 시작한, 경솔한 비오톱 만들기에 의한 자연파괴를 걱정했던 것입니다(상세한 내용은 '잠깐만! 캐나프,[15]이래도 좋은가? 비오톱' (2001년, 上赤博文)를 참조).

■ 구하기 어려운 야생 동식물은 사용하지 않는다

조금 더 자세하게 언급해 보도록 하겠습니다. 구하기 어려운 야생식물이라고 했지만, 이는 식물만이 아니라 당연히 동물에게도 똑같이 적용될 수 있는 이야기입니다. 환경성의 레드데이터북(Red Data Book)[16]에 실려 있는 멸종위기종을 어떤 국립공원 등지에서 가져와 자신이 만든 비오톱이나 비오톱 가든에 보호하고 있다는 변명은 통용되지 않습니다. 하지만 일본이라는 나라는 묘한 점이 있어서 송사리가 멸종위기종으로 지정되면 갑자기 인기가 높아져, 열대어 판매점 등에서 지금까지 없던 고가로 거래가 되기도 합니다. 비오톱을 만드는 사람도 앞장서서 사들여 방류한다든지, 많이 남아있지 않은 야생지에 몰려들어 남획해 간다든지 하였습니다. 그 탓에 동해 쪽에 사는 송사리가 관동 지방에서 발견되기도 했는데, 빙하기 이전부터 계속 축적되어왔던 지역 나름대로의 특성이 어느 사이엔가 뒤죽박죽 되어버리는 셈입니다.

자연보호라고 하는 것은 참으로 미묘한 일입니다. 송사리가 사라졌다고 해서 무심코 송사리를 방류하는 단순한 행위가 심각한 자연파괴로 이어질 수도 있는 것입니다. 그런 점에서 왜 송사리 예를 들었는가 하면 식물도 마찬가지의 문제가 일어날 수 있기 때문입니다.

■ 밖으로 나가지 않는 것도 중요하다

예를 들어, 비오톱 가든 세트라는 이름으로 식물 종묘가 몇 종류 시판되기도 하였습니다. 그런데 거기에는 억새 외에 네가래나 노랑어리연꽃처럼 멸종위기종으로 지정되어 있는 종도 포함되어 있었습니다. 그 멸종위기종은 합법적으로 손에 넣어 번식시킨 것이지만 아무래도 산지가 불분명한데다 유전적 다양성조차 없는 클론 개체의 하나인 것입니다. 저도 결국은 취미가의 수준을 벗어나지 못하고 사고야 말았답니다. 네가래라면 야생에서 자생하고 있는 것은 초등학생 무렵 길가 주변에 살고 있는 것을 본 적 밖에 없었습니다. 그것을 사버린 일은 지금도 후회가 됩니다. 정원의 물확에 조금 희귀한 식물이 살고 있다는 것은 확실히 재미있는 것이긴 합니다. 희귀한 식물을 싼값에 손에 넣을 수 있다는 것은 매력적이며, 남획의 방지도 된다고 생각합니다. 학교 교육에서 멸종위기에 처한 식물을 생태학습원에서 보여주는 것도 중요한 것이라고 생각합니다. 하지만 주의해야 할 점은 분명히 있습니다. 이런 식으로 팔리는 것은 절대 비오톱에는 심지 말아야 한다는 것입니다. 학교 내에 있는 비오톱에서 어쩔 수 없이 심는 경우라도 밖으로 반출되지 않도록 세심한 주의를 쏟아야 합니다. 이런 것이 야생화 되어버리면 보기에는 귀중한 종류가 자랄 수 있는 환경이 부활한 것처럼 보이지만 송사리의 예에서와 같이 본래

어리연꽃|일본에서는 환경성 지정 멸종위기 식물 2류에 해당). 산지 불명의 희귀종이 야외에 식재되면 본래의 분포를 알 수 없게 되어버리고 맙니다.

106

남아있어야 할 각 지역의 특징이 사라져버리기 때문입니다. 네가래나 낙지다리, 노랑어리연꽃 등의 멸종위기종을 싼 값에 구할 수 있다는 것은 개인이 즐기기에는 좋을지 모르겠지만, 비오톱에 심는 것은 다시금 생각을 하게 됩니다. 지역 나름대로의 변이차가 교란될 수 있고, 지역과 종의 다양성을 지키고 싶기 때문입니다.

원예식물은 도시에서 살아남은 야생식물과 교배하기 어렵고, 유전자 교란의 우려도 적을 뿐만 아니라 관상가치가 높아서 흐트러지기 쉬운 장소를 보다 친근하게 연출할 수 있습니다.

■ 동일한 기능의 원예식물을 고른다

그러면 실제로 비오톱 가든을 만들 때 곤란하지 않도록 조금 상세하게 설명하도록 하겠습니다. 예를 들면 숲 가장자리나 길 주변에서 살고 있는 장딸기나 멍석딸기는 숲의 나무들에 착생하여 나지의 지면을 덮는 기능이 있습니다. 동시에 그 꽃은 나비나 벌을 위한 밀원의 기능을 하거나 열매는 새들을 위한 먹거리가 되고, 서식지나 번식 장소를 제공합니다. 나비를 부르는데 효과적인 거지덩굴도 그 종류의 하나입니다. 따라서 이런 기능을 정원에 재구성할 필요가 있을 때, 즉 나비나 새를 부르고 싶다거나 트렐리스로 집의 벽면을 덮고 싶다든지 정원수 밑의 지면을 덮고자 하는 경우를 생각해봅시다. 장딸기나 멍석딸기가 역시 좋을 테고, 혹어 칡이나 거지덩굴을 꼭 심겠다는 사람은 없겠지요. 그렇지만 장딸기나 멍석딸기를 굳이 고집할 필요가 전혀 없습니다. 원예종이라고 해도 원래의 야생종은 숲 가장자리에서 살아왔던 블랙베리나 라즈베리, 돌발인동, 클레마티스 등을 심으면 동일한 생태학적 기능을 할 수 있기 때문이죠. 나아가 야생종보다도 생산성이 높기 때문에 인간에게도 야생생물에게도 풍부한 환경을 제공해 줄 수 있습니다.

■ 원예식물을 적극적으로 도입하자

지금까지 이야기한 것을 정리해보면, 결국 개인 정원에서는 채취에 의한 자연파괴를 막기 위해 야생종 대체 역할을 하는 원예종을 사용하자는 것입니다. 게다가 원예종을 사용하는 것이 더 효율적인 경우도 적지 않습니다. 실제로 비오톱 가든에서는 사계절 꽃피는 성질이 강하고 밀원으로서도 높은 기능을 하며 과실 수확량이 많은 것, 무늬가 있어서 야생종과 구별하기 쉬운 특징을 가지고 있는 것, 재배 관리가 손쉬운 것 등 다양한 특징을 갖고 있는 많은 원예식물이 사용되고 있습니다. 반대로 기피되는 것으로는 겹꽃종처럼 보기에는 좋

비오톱 가든에서 원예식물을 적극적으로 도입하면 좋은 점

· 비교적 야생화 되지 않는다.
· 야생화가 되더라도 반입 등 확실히 원예종임을 알 수 있는 특징을 가지고 있기 때문에 자생종과 구분이 용이하다.
· 대부분 관상 가치가 높고 어수선해지기 쉬운 비오톱 공간(풀숲)을 보기 좋게 연출할 수 있다.
· 잔존하고 있는 식물과 교배하기 어렵고, 유전자 교란 우려도 없다.
· 야생종보다 생산성이 높고, 새들과 곤충의 먹이로서도 좋은 기능을 할 뿐 아니라, 과실과 화훼 등을 이용할 수도 있다.
· 구하기 쉽고 심는 것도 간단하다.

지만 꿀과 화분이 적고 과실도 달리지 않는 것을 들 수 있습니다. 다른 생물에게 저해·촉진 작용을 미치는 강한 타감작용(allelopathy) 효과를 갖고 있는 식물들은 정원의 목적에 맞춰 별도로 사용해야 합니다.

---

15) Kenaf(Hibiscus cannabinus)는 아프리카 원산의 아욱과 부용속 1년초로서 뿌리섬유가 질겨서 로프나 제지용으로 이용된다. 성장속도가 빨라서 봄에 파종하면 가을에 키가 4-5m, 하부의 줄기 굵기가 무려 10cm에 달할 정도이다. CO_2 흡수 능력이 매우 높아 동일면적의 삼림에 비해 4, 5배에 달하고 수중의 질소, 인 흡수 능력이 뛰어나 수질정화 자원으로서도 기대된다. 지구온난화가 문제된 이후 지구환경 보전에 대한 국제적 여론이 높아지면서 비목재자원으로서 목재 대체 효과를 가지는 환경보전 상징식물로 각광받게 되었다.

16) 국제자연보호연합의 종보호위원회(IUCN/SSC: Species Survival Commission)가 세계자연보호기금, 유엔 환경계획(UNEP) 등의 협력을 받아 멸종될 우려가 있는 야생동물의 종의 리스트를 작성하고, 일반인의 관심을 높이기 위해 1960년대 중반부터 출판하고 있는 책. 이제까지 포유류, 조류, 파충류, 양서류, 어류, 무척추동물, 식물의 각 편이 발간되었으며, 동물 기재 종은 3천1백17종(1986년)을 넘는다. 책 이름의 레드란 멸종 위험성이 있는 종을 나타내는 붉은색에서 유래한다.

Biotope
Garden
chapter 4

많은 종류를 조금씩 심는다 _ 옛날이야기 입니다. 프러시아의 프리드리히 대왕은 앵두를 대단히 좋아했습니다. 어느 날 참새들이 앵두를 먹는 것을 알고 단단히 화가 나서 그 즉시 참새들을 없애라고 명령 하였습니다. 그런데 나중에 어떤 일이 일어났을까요? 참새가 없어지자 해충이 대발생하여 결국 앵두나무마저 죽게 되었습니다. 대왕은 자신의 과오를 뉘우치고 새들을 그대로 두기로 결정하고 해충 퇴치에 힘을 쏟았답니다.

■ 악순환을 끊는다

비오톱 가든에서는 한 종류의 식물만을 빽빽하게 심지 말고 여러 종류를 조합하는 것이 좋습니다. 그렇게 해야 생태적 다양성이 생기고 복잡한 생물네트워크가 이루어져 안정된 환경을 만들어 낼 수 있습니다. 많은 종류를 조금씩 심어 정원을 꾸미는 잉글리쉬 가든의 내츄럴 스타일과 컨츄리 스타일은, 정원 만들기의 대표라고 할 수 있습니다. 최근에는 가드닝이 유행한 덕택에 희귀한 식물도 간단하게 구할 수 있고, 마음만 먹으면 수 십 종의 식물을 조그마한 공간에 심는 것도 가능하게 되었습니다. 자연스러운 아름다움과 따뜻함을 느끼게 해줄 뿐만 아니라 생태적인 다양성을 만들어내고 안정된 환경을 만들어내는 것이 손쉬워진 것이죠.

예전에는 화단이라고 해도 모전화단처럼 한 종류 또는 수 종류의 식물을 빽빽하게 심는 것이 주류였습니다. 이러한 화단을 계획하는 것은 초심자라도 간단하게 할 수 있다는 점에서 확실히 뛰어난 방법입니다. 하지만 생물다양성이나 생태계 안정이라는 측면과는 상당히 거리가 먼 방법이 아닐 수 없습니다. 더구나 이런 방법은 자주 병해충의 대발생이 일어나 그때마다 약제를 살포해야 하고 그 때문에 생태계의 불균형이 더욱 진행되는 악순환이 반복됩니다.

원래 이것은 화단에만 한정된 이야기가 아니라 고도성장기를 배경으로 한 농작물 생산에도 적용됩니다. 그래서 농작물 생산 관계자들은 이런 문제점들을 개선하기 위해 유기농법이나 무농약 재배, 영구농업(Permanant Agriculture) 등 여러 가지 생산방법을 시도하고 있습니다.

많은 종류를 조금씩 심는 것은 안정적입니다. 다종 소수 파종의 가장 커다란 이점은 우선 누가 뭐라고 해도 병이나 해충의 피해가 최소한에 머무른다는 점입니다. 한 종류만을 심을 때 병해충이 순식간에 퍼져나가는 양상과는 사뭇 다르지요. 정원 생태계를 구성하는 식물종이 많아짐으로 해서 생겨나는 다양성은 여러 생물들이 정원을 이용할 수 있도록 해주며, 정원 생태계는 복잡성을 구축하게 됩니다. 동일한 환경조건을 갖고 있는 작은 정원에서도 복잡한 생물 간의 네트워크가 형성되기 때문에 한 종류의 생물만 대발생하는 일이 일어나지 않습니다. 이것이 결과적으로 정원 전체의 생태적 안정으로 이어지게 됩니다.

■ 복잡함과 안정

현대 도시의 경우 가로수에서는 미국흰불나방 등의 유충이 대발생하여 문제가 되기도 합니다. 하지만 풍요로운 자연이 남아 있는 산에서는 그러한 이야기를 거의 들을 수 없습니다. 왜 일까요?

재미있는 실험이 있습니다. 모기 중에는 한번에 500개 이상의 알을 낳는 종류도 있다고 하는데 왜 대발생은 하지 않는 것일까요? 그러한 의문을 가진 사람이 한 그루의 나무에 500마리의 송충이를 풀어 놓았을 때와 5마리를 풀어놓았을 때 어떤 식으로 새들에게 잡혀 먹히며 줄어드는 가를 실험하였습니다. 그러자 한 번에 많은 수를 풀어 놓았을 때는 점차 잡아 먹혀 순식간에 몇 마리만 남게 되었는데, 조금 밖에 풀어놓지 않았을 때는 줄어드는 기미가 없었다고 합니다. 새와 같은 포식자는 먹이가 되는 송충이의 밀도가 높으면 많이 먹게 되는데 적으면 거의 먹지 않는다는 것입니다. 이렇게 하여 숲 속의 밸런스가 유지되고 있는 것이겠지요. 그러면 도시의 가로수에서는 왜 똑같은 일이 일어나지 않을까요? 그것은 확실이 다음과 같은 이유라고 생각됩니다.

풍요로운 환경이 유지되고 있는 장소에서는 여러 가지 종류의 새들이 살고 있기 때문에 대개의 송충이는 언제나 몇 종류의 새들이 노리고 있습니다. 특정 송충이의 종류를 어떤 새들은 싫어하더라도, 그 송충이를 맛있게 잡아먹는 다른 새들이 있게 마련이라는 것이죠. 실제로 많은 새들이 주저하는 송충이라고 하더라도 뻐꾸기 같은 경우는 개의치 않고 잡아먹습니다.

그런데 도시에서는 그곳에 살고 있는 새들의 종류 자체가 적습니다. 이따금 그 벌레를 어렵사리 찾는 새들 밖에 없다고 하면 가로수는 순식간에 대발생한 송충이로 벗겨져 버리게 됩니다.

■ 생물상이 다양할수록 안정적이다

동식물을 포함해 많은 종류의 생물이 한꺼번에 같이 살고 있는 장소에서는 단순하게 먹고 먹히는 관계만이 아니라 복잡한 생물간 네트워크가 형성되기 때문에 한 종류의 생물만이 대발생하는 경우가 거의 없습니다.

정원에서도 다종 소수 심기에 주의를 기울이면, 많은 식물종이 만들어내는 다양성 때문에 더욱 여러 가지 생물들이 이용할 수 있게 되며, 생태계는 한층 더 복잡성을 확보할 수 있습니다. 그 결과 정원 전체에 생태계 안정이 이루어지며 병해충의 피해가 최소한에 그치게 됩니다. 한 종류만을 심을 경우에는 병해충이 순식간에 퍼질 수 있습니다. 또한 해충을 죽이기 위한 약제 살포는 해충의 천적까지 줄이기 때문에 오히려 대발생의 규모를 확대시키게 됩니다.

■ 깊숙한 환경은 안정적이다

밭이나 가로수처럼 균일한 조건을 갖고 있는 장소는 양호한 조건에 있는 동안은 대단히 높은 생산성을 발휘할 지 모릅니다. 그러나 미세한 변화가 전체적으로 파급될 위험성도 가지고 있습니다.

잘 관리된 밭에서는 일조 조건을 비롯하여 수분, 온도, 비료, 작물의 성질까지도 균질합니다. 그렇지만 일단 한발이나 늦서리, 병충해 등의 발생이 일어나면 어느 한 부분이라도 살아남지 못하게 됩니다. 왜냐하면 모두 동일한 조건을 가지고 있기 때문입니다. 일단 균형이 깨지면 전체가 파괴되는 현상이 발생하게 됩니다. 이것이 균일성=단일화를 진행시켜온 현대 농법이 안고 있는 위험성입니다. 불안정한 혼란을 흡수해버리는 생태계 본래의 완충기능이 거의 없어졌기 때문입니다. 역으로 다양한 조건이 모자이크 형태처럼 깊숙하게 들어가 있는 환경에서는 일시에 절멸하는 일이 우선 없습니다.

큰까치수영과 버들금불초 등이 띠와 섞여 어지럽게 피어있는 수변에 여러 가지 곤충이 찾아와서 복잡한 네트워크를 만들어내고 있습니다.

칠성무당벌레를 정원에 가져와 보세요. 그 대단한 식욕으로 진딧물을 퇴치해줄 겁니다.

■ 자연에 가까운 방제법

만약 여러분의 정원에 송충이나 진딧물이 대발생해도 갑자기 살충제를 뿌리지 마세요. 새들도 거미도 살 수 없게 되어서 악순환이 가속화될 뿐이기 때문입니다. 환경친화적인 가드닝에 관심을 갖고 있는 사람들이 인터넷 홈페이지 등에서 흔히 특효약으로 꼽는 것은 "손으로 잡아 죽이는"[17] 살충법입니다. 대단히 인기 있는 처방이기 때문에 권장할 만합니다. 처음에는 조금 용기가 필요할지도 모르지만, 돈도 들지 않고 대단히 간단합니다. 자기 집의 자연도 아직은 친환경적이지 못하다는 반성을 하며, 나무젓가락 등을 이용해서 나방의 유충이나 송충이를 잡아들이면 됩니다. 부작용도 없고, 안심할 수 있답니다. 그리고 새들을 위해 물놀이 장이나 새집을 놓아두세요. 천막벌레나방 유충은 확실히 새들에게 인기가 없기 때문에 여기저기 퍼지기 전에 집을 찾아내어 태워야 합니다. 막대기 끝에 오일을 바른 면을 감고 불을 붙여 태워 죽이면 됩니다. 진딧물은 우유를 물에 타서 스프레이하거나, 붓으로 떨어트러가며 칠성무당벌레를 잡습니다.

너무 성급하면 손해 봅니다. 약제 살포와 같은 야만적인 방법은 20세기의 유물로 생각했으면 좋겠네요.

■ 그럼에도 불구하고 궁금증은 깊어질 뿐

지금까지 언급한 것은 고전적인 "먹느냐, 먹히느냐"의 균형 관계가 발전된 이야기일 뿐입니다. 하지만 생태계의 구성에서는 플랑크톤이 고기한테 먹히고 그 고기가 다시 더 큰 고기한테 먹히고 등등 실로 단순하고 교과서적인 관계만 있는 것은 아닙니다. 실제로는 보다 깊은 관계가 복잡한 네트워크를 이루고 있어 어느 한 종류의 생물들이 승리하지 않도록 전체의 균형을 취하고 있습니다. 그런데 그것도 생태계의 균형을 지향하고 있는 틈 속에서 극히 한정된 한 단면에 지나지 않습니다.

일전에 학생들에게 다음과 같은 실험을 해 보았습니다. 여러 가지 식물의 향기 나는 성분을 꽃가루에 주면 어떻게 될까? 예를 들어 화분관(花粉管)을 늘리기 시작한 아프리칸 봉선화의 꽃가루 가까이 레몬 껍질 조각과 마늘 조각, 양파, 고추냉이 등 향기가 강한 식물을 두어 보았더니, 5분도 지나지 않아서 꽃가루가 파열해 죽고 말았습니다.

정원에 여러 가지 허브를 심어 놓으면 그 향의 성분이 다른 식물의 수정에까지 영향을 미쳐 종자가 생기는 조건을 좌우해버리기도 하는 것 같습니다.

숲 속에서는 나무의 잎에서 피톤치드라고 불리는 휘발성 물질이 나와 병원균을 죽게 하거나 다른 식물의 생장을 억제, 촉진시키는 것으로 알려져 있습니다. 그것뿐만 아니라 숲 속에 떠다니는 식물로부터 나오는 화학정보는 복수의 휘발 성분이 혼합되어 여러 가지 정보를 전달한다는 것도 알려져 있습니다. 그리고 해충이 먹어버린 나무가 발산하는 냄새 물질은 주변 식물들이 방어 물질을 만들도록 합니다. 같은 종류의 식물들도 냄새로 정보를 전달하는 것입니다. 그 결과 정보를 받는 식물에서 외견상 변화가 없어 보여도 유전자 레벨에서는 크게 변화하는 경우가 있다는 점도 알려져 있습니다.

그런데 이것들마저도 극히 일부입니다. 인간이 제어할 수 있는 수준의 복잡함이 아닌 것입니다. "복잡한 생태계일수록 안정"(C.S Elton의 〈침략의 생태학〉, 1958년)이라는 테마는 생태학의 중심에 놓여 있는 수수께끼입니다. "왜 식물 다양성을 지킬 필요가 있는 것일까?"라는 의문은 생태계의 안정성 문제로 이어지며 지구상에 서식하는 생물 전체의 문제라고도 할 수 있습니다. 하지만 아직 명확한 이론은 제시되지 않고 있습니다.

■ 절반은 요정을 위해서 남겨둔다

여동생으로부터 배운 것입니다. 영국의 민화나 동화에서는 절반은 요정을 위해서 남겨둔다는 속담이 가끔 등장합니다. 그것은 지금 생각해보면 우리들이 알지 못하는 무엇인가를 위해서도 여지를 남겨둘 필요성이 있음을 호소하고 있는 것이 아닐 런지요.

생태계 변동의 복잡성은 원래 예측 불가능한 카오스적 혼돈을 말하는 것이라고 이론적으로 알려져 있습니다. 예측불가능하게 움직이고 있는 생태계를 지키기 위해서는 그러한 특성에 맞는 방법론이 필요하게 됩니다. 최근 제창되고 있는 것은 순응적 관리(Adaptive management)라고 불리는 것으로, 불규칙하게 변화하는 사태에 유연하게 대응해가기 위한 방법론으로 오른쪽 아래와 같은 것을 제안하고 있습니다.

이러한 순응적 관리는 생태계 변화에 포함되는 본질적인 불확실성을 인식한 다음, 정책 실행을 임기응변의 태도를 갖고, 또한 여러 가지 이해관계자의 참여를 바탕으로 실시해갈 필요가 있음을 보여줍니다. 어떤 하나의 계획은 기본적으로 가설이며, 모니터링에 의해 가설 검증을 시도하여 그 결과를 확인해가면서 새로운 가설을 세우고, 보다 나은 방법을 모색할 필요가 있다는 것입니다.

조금 전문적이 되어 버렸습니다만, 키워드는 '임기응변'입니다. 지나치게 꼼꼼한 대응을 준비하다보면 충분한 성과가 얻어지지 않을 수도 있고, 오히려 피해가 확대될 수도 있음을 유의해야 합니다. 절반은 요정을 위해서 남겨둔다. 생태계의 균형은 아무리 최신의 생태학을 적용해도 알 수 없는 것 투성이입니다. 하지만 적어도 알 수 없다는 사실은 알고 있기 때문에 겸허한 자세로 대응해 갈 필요가 더욱 있습니다.

> · 지금까지 알고 있던 것이 오류였음을 깨달은 경우에는 유연하게 관리 방침을 변경한다.
> · 생태계 관리는 정부나 지자체에 의해 이론적으로 진행할 것이 아니라, 여러 분야의 연구자 의견을 받아들여 관계자가 깊이 이해한 후에 보다 바람직한 관리지침과 기법, 계획에 관한 의견을 조정해 간다.
> · 예상 외의 전개에 대비하여 구체적인 관리가 실시된 뒤에 지속적으로 세심한 관찰을 실시한다. 관찰 결과 한번 결정된 방법이 부적절한 것으로 확인된 경우에는 변경을 신속하게 검토한다.

■ 옛 사람들의 지혜

그런데 반은 요정을 위해서 남겨둔다는 생각은 옛날 영국인들만의 것은 아닙니다. 우리도 이것은 사냥을 위한 것, 이것은 내년을 위한 것이라고 해서 산채를 남겨두어 왔습니다. 전부 수확해 버리면 함께 살아갈 수 없음을 알고 있었기 때문입니다. 산림의 천연자원을 재생산하기 위해서는 필요한 최소한의 양만을 취하고, 그 이상의 것은 반드시 남겨두는 자세를 확실히 지키며 사는 것이 옛사람들의 생활 지혜였습니다.

세련된 채집 생활은 숲이나 강 전체를 종합적인 먹거리 재생산의 장으로서 이용하는 것이기 때문에 공존 없이는 성립하지 않습니다. 보다 적극적인 예로서, 북미 원주민의 전통 농법에서는 어떠한 작물이든 밭에 찾아오는 벌레나 새들을 위해 필요 이상으로 경작했다고 합니다. 21세기는 공존의 시대라고 하지만, 환경파괴가 이미 진행된 선진국 사람들은 지금에서야 겨우 조상의 지혜를 발견하기 시작하였습니다.

---

17) 일본어의 발음을 그대로 고유명사처럼 써서 Tedetoru 약재라고 표기.

어느 정도의 양을 심을 것인가? _ 앞에서는 다종 소수를 권했지만 실제로 다종 다수를 심어도 좋은 면적이 정해져 있는 것은 아닙니다. 면적이 커질수록 다양하며 깊은 환경을 만들어 낼 수 있어서 생태적으로 안정된 장을 제공할 수 있기 때문입니다. 그렇지만 개인 정원에서는 아무래도 한계가 있습니다. 종수가 늘어나게 되면 종별로 취급할 수 있는 주수는 어쩔 수 없이 줄어들게 됩니다. 그러면 어느 정도의 종수와 양을 심으면 좋을 것인가? 구체적인 예를 들어 생각해 보도록 하겠습니다.

■ 꽃으로 부른다

형편에 맞는 양으로 예를 들면 나비를 불러볼까요? 하나의 꽃 화분을 두는 것만으로도 나비를 부를 수 있습니다. 꽃을 둘 때 주의할 점은 보기에 좋은 것보다는 꿀이 많은 것을 우선으로 하는 것입니다. 예를 들면 겹꽃 종류보다 홑꽃 종류를 고르고 다화성의 것, 사계절성이 강한 것을 권장합니다.

창가에 놓인 화분 한 개. 그저 단정한 꽃이 아니라 꿀이 많은 쪽을 선택하는 것은 지극히 간단하게 할 수 있는 자연보호입니다. 단지 화분 한 개로도 좋기는 하지만 더 욕심을 내어도 좋을 것입니다. 같은 종류를 몇 주 심을 경우에는 색이 다른 것을 조합하는 것이 포인트입니다. 나비의 종류에 따라서 좋아하는 꽃 색깔이 다르기 때문입니다. 예를 들어 비올라의 경우 푸른색과 보라색은 배추흰나비가, 황색과 적색은 큰줄흰나비가 좋아합니다.

꽃집에서 희귀한 꽃을 발견했다면, 꿀의 양을 알 수 없어도 우선 베란다에 두고 어떤 벌레가 찾아오는지를 시험 삼아 즐겨보세요. 혹여라도 벌레들에게는 인기가 없어도 최소한 마음에 드는 꽃을 즐길 수는 있으니, 가벼운 마음으로 시도해 볼 만하지요.

베란다처럼 면적이 제한적인 곳에서는 꿀이 많은 꽃을 피우는 식물 한 주 만으로도 충분합니다. 다만 가능하면 꽃이 많고 개화기가 긴 것, 그러면서도 튼튼하다면 더할 나위 없습니다. "그런 좋은 조건을 갖춘 꽃이 있나요?" "예, 있습니다. 부들레아입니다." 미국에서 유행하는 버터플라이 가든에서는 반드시 포함되는 화목이죠. 란타나도 빠질 수 없습니다.

숙근초인 메도우세이지나 등골나물류(벌등골나물과 마타리), 겨울에도 계속 꽃이 피는 종류로서는 관목의 유리옵스데이지나 프린지드 라벤다, 로즈마리, 일년초인 비올라나 스위트 알리섬 등도 권장합니다.

최신 정보로서는 공작초가 있습니다. 배추흰나비와 노랑나비, 줄꼬마팔랑나비와 호랑나비 종류들, 은점표범나비 종류를 비롯해 실로 폭 넓은 나비를 부를 수 있는 꽃이며, 초화로서는 부르기 어려운 청띠제비나비도 부를 수 있습니다.

44쪽의 나비가 찾아오는 정원 만들기에서도 소개하였지만, 중요한 것은 개화기가 짧은 식물로도 여러 가지 종류를 조합해 일년 내내 꽃이 떨어지지 않도록 하는 것입니다. 관리와 예산이 뒷받침해준다면 간단한 일이지만, 값싸고 손이 안가며 그러면서도 연중 아름답고 생물들의 낙원이 될 수 있는 곤충에게 좋은 정원을 만들길 원한다면 그 나름의 연구는 필요합니다.

그러면 대체 어떤 꽃으로 나비를 부를 때 어느 정도의 양을 심으면 좋을까? 결론적으로는 여러분의 사정에 맞는 양이 좋다고 할 수 있습니다.

■ 유충으로부터 키운다

호랑나비를 예로 들어 생각해 봅시다. 산호랑나비는 귤 종류의 잎을 먹으며 자랍니다. 여러분의 베란다에 어디서부터인가 성충이 날아와 알을 낳았다고 생각해 보십시오. 우선은 욕심을 내지 말고 한 마리의 호랑나비 유충이 나비가 될 수 있을 만큼의 풀을 생각해 봅시다. 높이 60cm 정도의 귤나무나 산초나무라면 유충 한 마리가 다 먹어치울 정도입니다. 그러나 그것은 나무에게 너무 가혹한 일입니다. 정원의 외관도 나빠지기 때문에 최소한 2그루로 늘리든지, 아니면 높이 1m 정도의 가지 자람이 좋은 나무 한 그루 정도는 마련해야 합니다. 혹 감귤 대신에 무를 심는다면 적어도 5주는 필요합니다. 대략 한 마리를 키울 수 있는 최소량의 2배 정도는 필요합니다.

그런데 지금부터가 다종 소수의 전개입니다. 좁은 정원과 베란다 등에서 한 종류만을 심는 것은 재미도 없을 뿐더러 병충해 발생을 억제하기도 어렵습니다. 게다가 같은 종류만을 심는 것은 아름다워 보일 수도 있겠지만 아무래도 아이디어 빈곤의 결과로 보이게 마련입니다. 보기에 따라서는 정원이라기보다는 경작지처럼 보일 수도 있구요.

따라서 자신의 정원 이미지에 맞추어 각자의 취향대로 개성껏 조합해 보십시오. 레몬 1주, 감귤 1주, 루 3주, 여름 기간이라면 실크 쟈스민 화분을 바깥에 놓아 보세요. 생각을 전환하면 계절별 꽃도 요리의 즐거움도 커질 것입니다. 공통의 병해충은 많지 않기 때문에 피해가 정원 전체로 미치는 일도 없고, 관리도 편해진답니다. 단, 한 장소에 모두 모아 심는 것은 별 의미가 없습니다. 저기에 3주, 여기에 1주 하는 식으로 분산해 두어야 한 곳에서 병충해가 발생해도 전체적으로 퍼지지 않을 가능성이 높아집니다.

■ 새를 부르고자 할 때

새를 부르는 경우도 나비를 꿀로 부르는 경우와 비슷합니다. 새와 나비뿐만 아니라 날개 달린 것들은 정원에 먹을 것이 없어지면 자취를 감추고 다른 곳을 찾아가버립니다. 그런 점에서 열매가 달리는 나무를 심을 때 종류가 많을수록 좋지만, 어느 정도 모아서 심어야할 필요는 없습니다. 모아심기를 할 것인지는 여러분이 결정하면 됩니다.

다만, 새들은 키가 높은 나무나 낮고 무성하며 개방된 초지 등을 구분하기 때문에 나무 종류만 신경 쓸 것이 아니라, 모양이나 높이 차이 등을 골고루 갖춰두는 것이 다양한 새들을 부르는데 도움이 됩니다. 예를 들어, 물까치는 키 큰 수목이 몇 그루 모여 있는 환경을 좋아합니다. 최근 들어 별로 눈에 띄지 않는 것은 이런 정원이 줄어들었기 때문입니다. 원래 큰 나무를 좋아하는 동박새나 휘파람새는 가지가 밀생하고 키가 낮은 덤불도 좋아합니다. 근처에 생울타리가 있는 집이 있다면 반드시 놀러와 줄 것입니다.

식사장소로 이동중인 흰뺨검둥오리 어미와 새끼들. 도시 환경을 뛰어나게 사용하며 살아가고 있습니다.

<table>
<tr>
<td>
B iotope
Garden
chapter6
</td>
<td>
복잡계 시스템 _ 야생상태에서는 일조나 습기 조건이 유사한 장소에서는 비슷한 식물 조합이 발견됩니다. 그처럼 유사한 환경을 좋아하는 식물의 군집을 생태학에서는 군락이라고 부르고 있습니다. 군락의 구성을 이해하고 그것을 식재에 적용할 수 있게 되면 정원은 보다 내츄럴한 표정을 보이게 됩니다. 또한 자연에 가까운 정원은 생태적 균형도 좋아지기 때문에 관리에 드는 수고를 줄일 수도 있습니다.
</td>
</tr>
</table>

■ 군락의 개념을 받아들인다

잉글리쉬 가든이나 플랜터 가든이 유행해서인지 요즈음은 몇 종류의 식물을 조합해 심는 경우가 많아졌습니다. 그럴 때 단순히 색채나 키의 차이만을 이용해서 보기 좋게 조합하는 것만으로는 안 됨을 여러분이 더 잘 알고 있을 겁니다. 생육 조건이 비슷한 식물들이라면 혼식하더라도 어떻게든 같이 살아가는 경우가 많을 것입니다. 그러나 식물들 중에는 해바라기나 큰다닥냉이, 양미역취처럼 다른 식물의 생장을 억제하는 것도 있습니다(타감작용(allelopathy) 효과).

꽃이 질 때마다 새로 다른 종류를 바꿔 심지 않고 가능한 손대지 않으면서 몇 년 동안 관리하지 않더라도 일년 내내 꽃이 끊이지 않는 정원, 그리고 여러 가지 생물들이 찾아오는 환경을 갖추고 있는 정원을 만들려면, 야생의 생물들이 질 높은 상태로 지켜가고 있는 자연 상태의 초지와 숲을 참고할 것을 권합니다. 잘 관리되어 있는 주변 산의 나무 밑 초지나 졸참나무 숲의 임상 등에서는 불과 10m 사방에서도 30종 이상의 식물이 계절별로 꽃을 피우며 살아가는 것이 그리 진귀한 일이 아닙니다.

그저 살아가고 있는 듯 보이는 식물들도 주의를 기울여 관찰해보면 무턱대고 우거진 것이 아니라 특정한 조합을 만들어 살고 있음을 확인할 수 있습니다. 이렇게 동일한 조건에서 나타나는 같은 조합의 식물군을 군락이라고 부릅니다.

정원을 만들 때 이 군락의 개념을 잘 도입하여 디자인하면 특별히 관리를 하지 않더라도 매년 정갈한 상태를 유지하는 일이 어느 정도는 가능합니다. 우선은 자연, 반(半)자연 상태에서 실제의 예를 소개해 보도록 하겠습니다.

■ 잊혀진 인과관계

옆의 사진을 보면 숲과 초지와 수변이 마치 정원처럼 꾸며져 있는 것처럼 보이지만, 사실 이곳은 완전한 자연 상태입니다. 사람이 풀을 깎는다든지 해서 그런 상태가 유지 관리되고 있는 것이 아닙니다.

조사하러 이곳 저곳을 다니다보면 혼을 빼앗길 정도로 아름다운 자연이 도처에 수두룩합니다. 초지나 고원, 습원이나 호수, 산림한게 근처의 나무들, 해안을 따라 절벽에 살고 있는 식물들, 고지대 정상부의 조용한 송림, 아무것도 아닌듯한 계곡의 소로, 평범한 계곡의 좁은 길……. 그런 곳에서 허리를 굽혀 잠시 들여다보면 옛날의 정원 디자이너들이 공부를 겸하여 산 속 깊이 들어간 이유를 잘 알 수 있게 됩니다.

기리카미네(霧ヶ峰)의 숲과 초지와 수변. 왼쪽은 야광나무 숲이며 진펄리에 섞여 부채붓꽃과 여로가 군락을 이루고 있는 초지입니다. 수변에는 끈끈이주걱의 붉은 바닥과 고랭이 속의 키가 높은 종류가 명확하게 경계를 이루고 있습니다.

수변 완경사면의 식물. 앞쪽의 핑크색 꽃은 단풍터리풀, 뒤쪽은 꿩고비.

■ 사는 곳을 나눠서 만드는 풍경

앞에서 소개한 초지의 일부를 더 가까이 들여다보면 이러한 상태의 장소도 있습니다(옆의 사진). 앞쪽의 화려한 단풍터리풀과 뒤쪽 꿩고비 잎의 질감 차이에 의한 대비가 무척이나 아름답습니다. 이것 역시 자연 상태에서 만들어진 것입니다.

비밀은 수분 조건의 차이입니다. 오직 그 차이뿐입니다. 물가에서 먼 곳은 대부분 건조하기 때문에 식물들은 자신에게 맞는 수분 조건을 갖고 있는 장소를 골라서 살고 있는 것뿐입니다. 즉 이러한 풍경은 수분 조건의 차이에 의해 서식지가 나뉘어져 만들어진 것입니다.

수변 정원을 만들 때 이런 점을 특히 의식하지 않으면 연못과 계류 주변의 식물이 잘 자라지 못하는 원인이 되고 맙니다. 예를 들어 수변에는 습생물망초나 흰테비비추, 위쪽의 사면에는 아스틸베나 터리풀 종류, 보다 더 위쪽의 사면에는 엉겅퀴나 초롱꽃, 큰비비추와 같은 순으로 심어가면 좋지만, 반대로 하면 잘 자라지 않습니다.

특히 비비추는 교배종도 많이 섞여 있기 때문에 야생 상태의 분포를 참고해야 합니다. 주걱모양의 잎이 있는 흰테비비추 종류는 수변에 심어야 좋습니다. 산에서는 건조한 나무 밑 근처에서 눈에 띄는 하트형 잎이 있는 큰비비추 종류는 수변에서 약간 떨어진 곳이나 조금 건조한 장소에 식재할 필요가 있습니다.

■ 깊숙한 환경은 안정적이다

밭이나 가로수처럼 균일한 조건을 갖고 있는 장소는 양호한 조건에 있는 동안은 대단히 높은 생산성을 발휘 할지 모릅니다. 그러나 미세한 변화가 전체적으로 파급될 위험성도 가지고 있습니다.

잘 관리된 밭에서는 일조 조건을 비롯하여 수분, 온도, 비료, 작물의 성질까지도 균질합니다. 그렇지만 일단 한발이나 늦서리, 병충해 등의 발생이 일어나면 어느 한 부분이라도 살아남지 못하게 됩니다. 왜냐하면 모두 동일한 조건을 가지고 있기 때문입니다. 일단 균형이 깨지면 전체가 파괴되는 현상이 발생하게 됩니다. 이것이 균일성=단일화를 진행시켜온 현대 농법이 안고 있는 위험성입니다. 불안정한 혼란을 흡수해버리는 생태계 본래의 완충기능이 거의 없어졌기 때문입니다. 역으로 다양한 조건이 모자이크 형태처럼 깊숙하게 들어가 있는 환경에서는 일시에 절멸하는 일이 우선 없습니다.

수변의 모양화단. 왼쪽의 훌쩍 큰 잎이 나르데키움(Narthecium asiaticum), 오른쪽 바닥에 깔린 것이 끈끈이주걱입니다.

습원의 연못에 떠있는 인공 식물섬들. 마른 물이끼와 이탄으로 이루어진 토대 위에 메탄가스를 담고 떠있습니다. 사초류와 이끼류, 조름나물, 붉게 보이는 끈끈이주걱 등이 침투해 들어와 모양을 만들고 있습니다.

■ 다투는 모습도 경관의 하나

앞 페이지의 오른쪽 아래 사진은 같은 장소에서 보이는 또 다른 예입니다. 물가의 키가 낮은 풀이 복잡한 모양을 만들고 있습니다. 동일한 수분 조건에서 식물 종류로 영역을 만드는 게임을 한 결과 만들어진 모양입니다. 각각의 식물 경계는 서로 닮은 모양으로 퍼즐처럼 들어차 있음을 볼 수 있습니다.

■ 불규칙이 규칙

위의 인공식물섬 사진은 얼핏 보아서는 어느 정도 크기인지를 가늠하기 어렵지 않습니까? 매우 큰 섬처럼 보이기도 하지만 실제로 가장 작은 것의 직경은 불과 1m입니다. 하지만 연못의 한 부분을 잘라내어 어느 군도의 항공사진이라고 보여주어도 한순간 믿어버리지 않을까요? 크기를 가늠하기 어려운 것은 이유가 있습니다.

자연계에서 보이는 이러한 불규칙한 모양은 프렉탈 도형이라고 부르며, 크기와 관계없이 닮은 모양이 흔히 나타나기 때문에 얼마만한 크기인지를 가늠하기가 쉽지 않습니다. 해안선과 물의 흐름에서 보이는 사행 운동은 척도를 바꾸어도 항상 같아 보이는 특징이 있습니다. 원래 그것이 프렉탈 도형이 갖는 특징이라고 할 수 있습니다. 프렉탈은 자연계의 거의 모든 곳에서 보이는 모양을 특징짓는 규칙성이라고 합니다. 수분 조건과 일조 조건의 차이와 같은 환경 단위의 경계도 당연히 프렉탈로 나타나기 때문에, 그 생육조건에 맞추어 번식하고 있는 식물 군락에서도 프렉탈성이 나타나게 됩니다.

다종다양한 식물들이 각각 적합한 환경을 찾아서 서로 영향을 주어가며 생육하고 있는 장소는 자기상사적(自己相似的)인 균형과 다양함을 갖는데, 결국 프렉탈 특유의 정돈된 균형으로 자연스러운 아름다움을 드러내게 됩니다.

■ 불규칙성을 재현한다

프렉탈성을 얻게 되면 결국 경계가 만들어지고 그에 따라 다양한 환경이 생겨나, 각각 여러 가지의 생물 서식공간이 만들어지게 됩니다. 그것을 비오톱 가든에서 간단히 만들기 위해서는, 단지 식물을 모아서 빼곡히 심어두어서는 안되고, 몇 가지 종류로 여러 가지의 크기를 만들고 각각의 군락을 패치상으로 조합해 심어야 합니다. 물론 그 사이에 들어가는 공간도 중요합니다.

화단과 식재의 경계, 돌의 배치, 연못의 모양 등에서도 자연스러운 느낌을 만들어내고 싶다면 지도의 해안선과 군도의 흩어져 있는 모습을 참고해 디자인하면 좋습니다.

각각의 식물이 만들어 내는 군의 크기에서도 실은 법칙이 있습니다. 커다란 군은 없고 작은 군이 거의 대부분입니다. 이것은 10년 전부터 주목해왔던 '1/f 변동치'와 관계가 있는 것 같습니다. 이 법칙에 따르면 무엇이든 친근하게 느껴진다고 하는, 조금은 불가사의한 내용입니다. 예를 들어 달 표면의 크레이터의 크기와 분포도 이 법칙에 들어맞습니다. 식물군락의 크기를 결정할 때, 정원석의 크기와 수의 균형을 정할 때, 이 크레이터의 크기와 수의 관계를 참고하면 간단하게 결정할 수 있을지도 모릅니다.

■ 감성이 중요하다

이러한 수리적인 방법은 편리한 듯 보이지만, 옛날 사람들은 자연을 잘 관찰하여 극히 감각적으로 이러한 법칙을 정원 만들기에 적용하고 실천해 왔습니다. 우리도 아름다운 자연을 바라보고 예민한 감성을 길러내는 데 힘써 볼까요?

■ 자연풍으로 식재한다

프렉탈과 관련하여 실례를 들겠습니다. 교토 히가시야마(東山)에 있는, 천재성으로 높게 평가되는 7대 오가와 지헤이(小川治兵衛)가 조성한 라쿠스이 정원(洛翠庭園)[18]에는 비와코(琵琶湖) 모양의 연못이 있습니다. 작은 섬을 띄운다는 개념까지 들어가 있으며 실로 자연스러운 수변선을 즐길 수 있습니다.

자연풍으로 보이기도 하지만, 균형 잡힌 배치 방법으로 많이 쓰이는 황금비라는 것이 있습니다. 2 : 3이나 5 : 8의 근사치가 가늠치로 사용되고 있습니다. 정확하게는 $1 : (\sqrt{5} + 1) / 2$ 의 값에 해당됩니다. 앵무조개의 와선이나 공작 날개의 모양 배열 등 자연계의 여러 곳에서 발견할 수 있는 비율이며, 자기상사성 = 프렉탈성의 또 다른 측면이라고도 합니다.

정원에 나무를 심을 때 가장 커다란 나무를 중앙에 심으면 좌우대칭이 만들어지며 인공적인 느낌이 되고 맙니다. 하지만 2 : 3으로 분할되는 위치에 심어보면 평온하며 자연스러운 인상이 듭니다. 그 다음 나무의 위치도 각각의 사이를 3 : 2나 2 : 3이 되도록 분할해 배치하면 전체적으로 자연스러운 균형이 잡힙니다. 료안지(龍安寺)의 모래정원 배치가 황금비 분할로 이루어져 있으면서도 그들의 배분 축은 규칙성을 감추기 위해 보이는 쪽에서 비스듬하게 비껴놓았다고 분석한 연구도 있습니다. 간단하면서도 자연스럽게 느껴지는 식재 방법을 영국인 원예가 Paul Smither에게 배운 적이 있습니다. "흩어 뿌리는 방법"이라고 부르면 좋을 만한 것입니다. 2백개 이상의 구근을 자연스러운 느낌으로 심고자 할 때, 하나하나 비율을 따질 수는 없습니다. 그래서 그는 양손에 쥔 구근을 이곳저곳에 던지는 방법으로 배열을 합니다. 그러면 구근이 뭉쳐서 떨어지는 곳이나 극단적으로 흩어지는 곳이 만들어 집니다. 그 장소에 그대로 심으면 그곳에서 자연 풍경이 탄생합니다. 나타나는 조화보다는 드러나지 않는 조화가 뛰어나다는 헤라클레이토스의 말 그대로라고 생각되지 않습니까?

키리가미네에 있는 야시마(八島) 고원습지[19]의 야시마 연못입니다. 상당히 훌륭한 돌의 배치라고 생각됩니다.

---

18) 1908년 7대 오가와 지헤이가 조성한 교토의 후지다 가문의 정원. 규모는 1,000평 정도에 달하며 비와코로부터 물을 끌어들여 정원 중앙부에 비와코의 모습을 그대로 옮긴 연못이 특징이다.

19) 나가노현(長野縣) 중앙부에 위치하는 키리가미네의 고산습지(표고 1,665m, 면적 450,000m).

유지의 조건 _ 억새 풀 사이에 원추리가 어지럽게 피어 있고, 오이풀, 등골나물, 범꼬리 등이 섞여있는 키리가미네의 풍경. 다시 그 뒤쪽으로는 키 낮은 숲이 펼쳐져 있습니다. 키리가미네는 원래 풀을 깎아내기 위한 장소로 이용되고 있어서 정기적으로 인위적인 불 지르기가 이루어지고 있습니다. 때문에 수목의 침입이 억제되고 초지가 유지되어 왔던 것입니다. 그런데 최근에는 불 지르기를 하지 않게 되면서 이 숲에 식물이 침투하기 시작했습니다.

■ 균일은 단순함을 낳는다

하루 종일 걸어 다녀도 바뀌지 않는 풍경. 한 가지 얼굴의 원추리 일색입니다. 억새와 띠, 엉겅퀴, 범꼬리 그리고 2주도 지나지 않아 이번에는 체꽃의 짙은 보랏빛으로 뒤덮입니다. 실제로 걸어보면 상당히 단조롭다고 생각할지도 모릅니다. 아무리 걸어도 이 조합이 거의 변하지 않기 때문입니다. 그야말로 들판 태우기가 반복되어 유지되어온 초원, 그것은 실로 균일한 환경이기 때문에 어느 곳이든 거의 동일한 밀도와 같은 식물 구성을 보이고 있습니다. 또 다른 예를 들어봅시다.

■ 적재적소

오른쪽 페이지 위쪽 사진의 정원은 때때로 산쑥 등을 깎아주는 정도일 뿐입니다. 지하경과 떨어진 씨앗으로 매년 풍성해지고 있으며, 별다른 포기나누기나 비료주기 등의 관리는 하지 않고 있습니다. 일조가 좋은 곳에서 살고 있는 분홍바늘꽃을 위해 나무 그늘이 짙어지지 않도록 주의하는 것과 때때로 개망초와 같은 귀화식물을 뽑아주는 정도입니다. 포인트는 수분 조건 외에 일조 조건의 차이가 있다는 점입니다. 그 때문에 각각의 식물이 무리 없이 기분 좋게 자라고 있는 것입니다.

숲의 중앙부는 여름에는 나무그늘 때문에 시원하고, 봄에는 햇빛이 가득 들어와 흐르는 물 근처에서는 물파초나 앵초가 활기 있게 꽃을 피웁니다. 114페이지의 수변 사진과 비교하면, 면적을 감안했을 때 상당히 여러 종류의 식물로 변화가 풍부하다고 할 수 있습니다. 이는 습기와 일조의 차이라는 두 가지 조건이 복잡하게 결합하여 여러 가지 생활환경을 만들어 내고 있기 때문입니다. 적재적소를 잊지 않으면 최소한의 노력으로 훌륭한 성과를 매년 즐길 수 있습니다.

■ 황폐함은 얼굴에서 나타난다

그럼 어떻게 하라는 말일까? 여기까지 읽으면서 조급해했던 분들도 안심하십시오. 저는 고산 식물로 정원 만들기를 권할 생각은 아니랍니다. 다만 균질 환경에서는 균질한 생물상이, 복잡한 환경에서는 복잡한 생물상이 생육한다는 사실을 말하고 싶었던 것입니다. 그 사실을 거스르려고 하면 끊임없이 유지관리를 위해 노력해야 하고, 그렇다하더라도 생각하는 만큼의 효과는 나오지 않게 됩니다.

그와 더불어 또 한 가지 중요한 점은 자연은 결코 어지럽지 않다는 점입니다. 도시의 공지가 금세 어지럽게 되는 것은 원래 있었던 질

원추리 종류가 피는 사면. 억새 사이에 원추리가 어지럽게 피고 오이풀, 등골나물, 범꼬리 등도 섞여 있습니다.

노리쿠라[20]고원의 이치노세원 부근. 길가에는 동자꽃이 피어있고 오른쪽으로 키가 높게 무성한 것은 분홍바늘꽃이며 중앙의 깊은 곳에 참나리도 보입니다. 자작나무 숲 속에는 개울도 있어서 물파초와 앵초가 자라고 있습니다.

서가 파괴되어 휑하고 빈공간이 생기면 일종의 무질서 상태에 귀화식물이 들어와서 살벌한 환경이 만들어지기 때문입니다. 키 이상으로 무성한 들국화 종류나 단풍잎 돼지풀을 보고도 기분이 차분해지는 사람은 없을 겁니다. 도시에서는 공간을 방치해두면 생각과 다른 결과가 나올 수 있습니다.

■ 군락은 수직으로 보면 대칭구조, 수평으로 보면 패치구조

위 사진의 자작나무 정원을 다시 보도록 하겠습니다. 여기에서 가장 키가 큰 것은 물론 자작나무입니다. 키가 작은 나무는 개울벚나무, 키가 큰 풀은 분홍바늘꽃, 공작꽃, 참나리, 땅두릅입니다. 키가 작은 풀인 머위나 제비꽃 종류, 고사리류 등은 엉성하게 깔려있습니다.

지금까지 보아온 습지나 초원의 군락과 달리 숲의 구조는 상당히 복잡하며 몇 개의 층으로 중첩되어 있는 것이 보통입니다. 이곳에서는 자작나무가 상층의 교목층, 개울벚나무가 관목층, 그리고 초본류 층이 형성되어 있습니다. 자연림에서는 이것이 더 복잡해져서 교목층, 아교목층, 중교목층, 관목층, 2개의 초본층, 이끼층 등 무려 7개의 층을 이루고 있으며 각각의 층에는 특징적인 식물이 생육하고 있습니다.

숲 가운데에서 생육하는 식물은 물론 어두운 곳에서 견디는 종류들입니다. 초원의 식물처럼 밝은 곳을 좋아하는 것을 가져오면 말라죽고, 반대로 숲 속의 식물을 초원에 가져가도 잘 자라지 않습니다.

이것만 봐도 숲 속의 생태계가 얼마나 복잡하며 절묘한 균형을 성립하고 있는지를 알 수 있을 것입니다. 그러나 이는 숲의 극히 일부를 관찰한 것에 지나지 않습니다. 광대한 면적의 원생림을 걸어보면 이러한 다층구조가 발달한 장소나 교목층이 메마르고 단일 층의 초지가 발달한 곳에 이르기까지, 실로 여러 가지의 숲이 패치상으로 조합되며, 항공사진으로 보면 마치 114쪽에서 보았던 수변의 타피스트리와 같이 퍼즐모양이 되기도 합니다. 극대와 극소가 어쩌면 이렇게 닮는다는 점이 상당히 재미있는 사실입니다.

쿠루마야마(車山)[21]의 산정 부근으로, 저편의 끝까지가 원추리 대군락입니다. 촬영은 2000년 7월21일 했으며, 이 해는 촬영시기가 딱 맞았습니다.

20) 나가노 현과 그 서쪽의 기후현 경계에 있는 해발 1,400~1,500미터의 고원지대
21) 나가노현과 야마나시현(山梨縣)에 걸쳐있는 해발 1,925m의 고원지대(야츠가다케쥬신 고원 국정공원(八ヶ岳中信高原國定公園)에 포함).

■ 그것은 자연의 캐리커쳐

도시의 공원과 우리들의 정원을 계층구조라는 눈으로 바라봅시다. 우선 가장 복잡한 공원은 어떨까요? 대부분은 단층구조 밖에 가지고 있지 않음을 알 수 있을 것입니다. 교목층은 있지만 대부분의 경우 느티나무만 있든지 참나무 한 종류가 대부분입니다. 그것도 단층구조일 뿐입니다. 수피 아래는 직접 나지의 지면이 펼쳐져서 낙엽층 마저도 없습니다.

가끔 3층 구조인 경우도 있지만 면적에서는 미미할 뿐입니다. 우선 예를 들어보면, 교목층에는 졸참나무 등, 관목층에서는 동백, 식나무, 광나무 등, 초본층은 송악과 소엽맥문동 등으로 이루어지는 구성이 일반적이며 상당히 빈약한 수준에 머뭅니다.

그 외에 중앙분리대와 같은 곳도 관목층만의 단층구조입니다. 꽝꽝나무, 도깨비고비, 철쭉류 한 종류의 식재구성입니다. 그리고나서 마지막 단일층의 본가라고도 할 수 있는 잔디입니다. 관리가 빈틈없는 잔디밭의 별명을 알고 있습니까? 바로 "녹색 사막" 입니다. 광대한 부지에 단지 한 종류. 이용할 수 있는 생물상이 극단적으로 제한되고 맙니다. 이렇게 되면 서식하고 있는 식물의 종류 수에서도 개인 정원 쪽이 훨씬 더 자연에 가깝다고 할 수 있습니다.

그렇다고 도시공원과 정원의 비오톱 기능을 향상시키기 위해서 모든 것을 다층 구조로 할 필요는 없습니다. 이미 말한 바와 같이 어디나 모두 균일한 환경이 되면 오히려 생물 종수가 제한되기 때문입니다. 따라서 다층 구조이든 단층 구조이든 나름대로의 변화가 필요합니다. 그러나 안전 문제도 고려해야 하므로 도시공원은 단층 구조가 많은 것 같습니다. 나무 아래에 떨어진 낙엽층 마저 없다면 아무래도 곤란하겠지요. 결국은 교목층에서 몇 종류를 섞어 심고, 지면에 지피류를 몇 종류 다양하게 식재하는 정도의 배려가 필요하다고 생각합니다.

■ 군락의 시간적 변화

"계절별로 꽃이 피고 관리도 하지 않으면서 매년 즐길 수 있는 정원을 만들고 싶다면?" 그러기 위해서는 숲과 같은 군락 속의 환경이 연중 어떻게 변하고 있는지를 알아야 합니다.

여기에서는 먼저 변화가 큰 낙엽수림의 경우를 예로 들어보겠습니다. 졸참나무와 벚나무가 심어져 있는 정원을 생각해 봅시다. 졸참나무와 벚나무 아래에서는 가을부터 겨울에 걸쳐 낙엽이 지기 때문에 봄에 새싹이 나는 시기가 올 때까지는 바싹 말라 햇볕 쪼임이 양호하고 의외로 따뜻할 겁니다. 여름부터 가을까지는 잎이 무성하고 약간 어두워 어느 정도는 시원하게 지낼 수 있습니다. 남쪽 정원에서 반드시 필요한 점이지요. 그렇다면 이런 조건에 맞는 식물은 무엇일까요? 물론 숲에서 살고 있는 식물을 조경식물화한 것이 가장 좋을 것입니다. 대략 어느 한쪽에 치우치지 않고 비오톱으로서의 이용 가치가 높은 것을 적어두고 요약해 봅시다. 우선 일 년 내내 푸르고 겨울 동안에도 무겁게 느껴지지 않는 식물이 금귤, 호주매화, 유리옵스데이지, 프린지드라벤다, 로즈마리, 크리스마스로즈, 체리세이즈, 제라늄입니다. 파인애플세이지와 멕시칸세이지는 관동지방 서쪽이라면 11월 늦게까지 꽃이 핍니다. 체리세이지는 호주매화와 같이 상록수 아래쪽의 남향에 심으면 한겨울에도 서리가 내리지 않는 한 계속 꽃이 핍니다. 제라늄은 사계절 내내 꽃이 피므로 습기만 있으면 일 년 내내 꽃을 피울 수도 있습니다.

봄에 꽃이 피는 것으로는 황매화, 능금나무, 목련, 때죽나무, 금귤, 무스카리, 꽃부추, 소래풀 등이 있습니다. 여름에 꽃이 피는 것은 산딸나무, 쥐똥나무, 부들레아, 나무수국, 수국, 산나리(카사블랑카), 점박이나리(루레브), 비비추 등이 있습니다. 가을에 꽃이 피는 것은 무궁화, 사상카 동백, 호주매화, 싸리, 큰까치수염, 벌등골나물, 파인애플세이지, 멕시칸세이지, 상사화 등이 있습니다. 겨울에 꽃이 피는 것은 에리카 종류, 동백, 히스(heath)류, 유리옵스데이지, 프린지드라벤다, 로즈마리, 수선, 크리스마스로즈, 옥살리스 등이 있습니다. 늦가을 낙엽으로 정원이 밝아진 다음에 싹을 피우는 것은 상사화, 옥살리스, 수선, 꽃부추, 무스카리, 소래풀 등입니다. 이런 식물들은 가을부터 봄까지 순차적으로 꽃을 피우며 5월이 끝날 무렵 지상에서 모습을 감춥니다. 마지막으로 봄의 소리와 동시에 싹을 틔우며 밝은 나무 그늘에서 꽃을 피우는 산나리(카사블랑카),

점박이나리(루레부), 비비추, 싸리, 큰까치수염, 벌등골나물 등과 같은 것들이 있습니다.

상록수의 남향 나무 그늘에 떨어져 있는 씨앗으로 불어난 오니소갈럼 움벨라텀. 베들레헴의 별이라고도 부르며 내한성과 내염성에도 강합니다.

■ 어디에 심을 것인가?

숲(이라고 해도 나무들이 몇 그루 서있는 정도이지만)의 남쪽에 심을 수 있는 것은 매실나무, 능금나무, 금귤, 부들레아, 무궁화, 호주매화, 싸리, 파인애플세이지, 멕시칸세이지, 유리옵스데이지, 프린지드라벤다, 로즈마리, 무릇 등 양지를 좋아하는 것들입니다.

숲 속과 북향에 심을 수 있는 것은 통조화, 황매화, 목련, 때죽나무, 산딸나무, 쥐똥나무, 나무수국, 수국, 무스카리, 블루벨, 소래풀, 산나리(카사블랑카), 점박이나리(루레부), 비비추, 큰까치수염, 벌등골나물, 상사화, 수선, 크리스마스로즈 등입니다. 여름에는 그늘에서, 가을부터는 햇볕이 닿는 장소를 좋아하는 식물들입니다. 너무 무성해지지 않도록 가끔 가지를 전정하면 밝은 그늘을 가질 수 있습니다. 산의 관리와도 비슷할 겁니다.

각각의 식물 배치는 앞에 써놓은 패치 구조도 참고해 주세요. 물론 여기서 이야기하지 않는 부분도 점차 도입해 보도록 하세요. 숲 가장자리를 덮는 식물들(망토군락)을 공부하면 클레마티스 트렐리스나 덩굴 등을 만들어 보고 싶을 겁니다.

■ 계절 변화를 조합한다

여기에서 주목해야 할 것은 실은 개화기의 차이가 아니라 숲 식물들의 생장기간과 숲 속의 밝기 변화 타이밍을 맞추는 것입니다. 지금까지는 일부러 일년초를 제외하고 조합했지만 낙엽수 아래에 심는 대부분의 추파 일년초는 이용이 가능하며(봄에 꽃필 때는 가지의 잎이 무성하지 않거나 없기 때문에), 봄에 심는 일년초를 사용할 때는 그늘을 좋아하는 것을 선택하면 좋을 것입니다.

■ 또 하나의 타이밍 스케줄

플랜터 가든에서도 시간적 변화를 계산한 디자인이 가능합니다. 예를 들면 가을이 시작할 무렵, 심을 식물을 조합해 볼까요? 블루베리, 비올라, 와일드 스트로베리, 이탈리안 파세리 등입니다. 그리고 꽃양배추, 블루훼스큐 등도 포함됩니다. 작은 새와 나비를 부르는 키친 가든에 쓰이는 것들입니다. 봄이 되면 이탈리안 파세리와 꽃양배추 꽃대가 나오고 꽃을 피우며 오월이 끝날 무렵에는 비올라가 열매를 달고 말라죽게 됩니다. 결국 이러한 모아심기는 여름 시점에서는 블루베리와 와일드 스트로베리, 그리고 블루훼스큐와 같이 조합하면 안정됩니다. 이러한 바닥을 이루는 초화류가 그 때 그 때 무성해지는 것을 보는 것은 무척 즐거운 일입니다. 이렇게 조합하면 2~3년은 바꿔 심지 않고서도 즐길 수 있습니다. 이것은 일년 변화를 예측한 것입니다.

포인트는 계절적인 볼거리를 연출하는 일년초와 몇 년동안 그대로 방치하고 즐기는 다년초를 과일나무나 화목 등과 잘 조합시키는 점에 있다고 할 수 있습니다.

<table>
<tr><td>

B iotope
Garden
chapter 8

</td><td>

미기후를 이용한다 _ 작은 정원과 베란다라고 하더라도 그 속의 일조나 바람, 기온, 습도 등은 놀랄 정도로 다릅니다. 옛사람들은 그것을 잘 터득하고 있어서 겨울에는 대나무가 지를 걸쳐놓아서 콩의 어린 싹을 서리로부터 지킨다든지, 봄에는 퇴비로 가온을 하여 발아를 시킨 고구마를 보리 사이에 심거나 했습니다. 생물들도 마찬가지입니다. 제방의 남향에 누워 있는 마른 풀 아래를 찾아보면 나비 종류들이 월동하고 있기도 합니다. 이러한 미기후를 비오톱 가든에서도 응용해 봅시다.

</td></tr>
</table>

■ 상록수를 이용한다

상록수가 심겨 있는 정원을 생각해 보십시오. 상록수 아래에는 무성한 푸른 잎이 햇볕을 대신하고 겨울에도 서리가 닿지 않습니다. 나무의 남향에 추위에 약한 식물을 심어 놓으면 월동하기 쉽습니다. 반대로 북향의 나무 그늘을 이용하면 더위에 약한 식물의 여름나기가 간단해 집니다. 예를 들어 모기를 쫓는 구문초는 첫해만 서리를 맞지 않으면 그 다음해부터는 간단하게 월동할 수 있습니다(따뜻한 지방에서 입니다만). 그리고 남측에 심어두면 훌륭하게 큰 나무로 키우는 것도 가능합니다.

나무 아래 떨어진 낙엽을 모으거나 정원 관리에서 나오는 작은 가지를 묶어 섶 가지로 해두면 벌레나 도마뱀 등의 월동장소가 됩니다. 딱새와 같은 작은 새들이 곤충을 찾으러 올지도 모릅니다. 북향에는 팬지 등 더위에 약한 초화류를 심어두면 정원의 조건에 좌우되지만 한달 정도는 쉽게 개화기를 연장시킬 수 있습니다.

비를 맞지 않는 나무 그늘을 이용하여 직경 2㎝ 정도의 대나무 마디를 잘라 묶어서 수평으로 쌓아두면 호박벌 등이 산란에 이용합니다. 어리호박벌과 혼동하는 사람도 많지만 실은 어느 종류든 얌전한 종류라 쏘이는 일은 없습니다. 꽃가루 나르기를 열심히 해주기 때문에 과일나무 열매가 열리는데 도움이 됩니다.

■ 낙엽수를 이용한다

이번에는 낙엽수가 심어져있는 정원을 생각해 봅시다. 여름에는 서늘한 나무 그늘을, 겨울에는 따뜻한 햇살을 즐길 수 있습니다. 나무 밑둥에 산나리 등 밝은 나무 그늘을 좋아하는 구근류와 초롱꽃, 아스틸베, 메도우세이지 등 숙근초 외에 가을 무렵에 싹을 틔워서 초여름에 말라죽는 수선이나 튤립, 히아신스, 소래풀, 비올라 등을 심어보면 어떨까요? 무스카리를 빽빽하게 심어서 네덜란드의 큐겐호프(Keukenhof) 식물원을 마음먹고 흉내내 보는 것도 좋을지 모릅니다.

나무 아래에 튤립과 히아신스 등을 심는다면 의외라고 생각하는 분도 많을지 모르겠지만, 가을에 심는 구근과 겨울에 잎이 지

겨울에 묘묘 위에 대나무 가지를 꽂아 두어서 완두콩의 어린 싹을 서리로부터 지켜냅니다.

는 낙엽수는 상생이 됩니다. 더운 지역에서는 늦여름부터 기온이 오르기 시작하면 튤립 잎은 바로 누렇게 변색됩니다. 이렇게 되면 광합성도 할 수 없고 구근도 크게 자라지 않습니다. 매년 꽃을 피우기 위해서는 잎에 활기가 있도록 꽃이 진 다음에 어느 정도 시원하게 지낼 수 있도록 해주어야 합니다. 그러기 위해서는 낙엽수 아래에 심는 것이 가장 좋은 셈입니다.

가을에 심고 봄에 꽃이 피는 구근이라고 해도 종류에 따라 적재적소가 있습니다. 본래 숲에 사는 식물이어서 그늘의 습한 흙을 좋아하는 것은 블루베리와 얼레지의 종류인 에리스로니움(Erythronium monatum) 등이며, 이것들은 북향의 정원에 심으면 좋을 수도 있습니다. 햇볕이 강한 곳으로부터 나무그늘까지는 무릇(Schilla sibilica), 무스카리, 푸스키니아(Puschkinia), 구근 프리치라리아 등이 좋습니다. 이것들은 낙엽수 가지로 비치는 햇볕에 알맞습니다. 햇볕이 강하게 내리쬐며 건조한 흙을 좋아하는 종류로는 포스테리아 나게의 튜립과 브로데이아, 오니소갈럼 엄벨라텀

상록성의 멀꿀은 으름덩굴과 달리 열매가 익어도 열리지 않는 것이 특징입니다.

(Ornithogalum umbellatum)이 있습니다. 이것들은 도시 내의 여러 곳에서 야생화할 정도로 생명력이 강해서, 몇 줄만 심어도 떨어진 종자로 점차 불어납니다.

낙엽성의 으름덩굴과 키위후르츠, 노박덩굴, 등나무, 능소화, 상록성의 멀꿀과 떨기나무 또는 스타쟈스민, 캐롤라이나 쟈스민 등을 올린 울타리도 이용할 수 있습니다.

■ 벽과 돌쌓기를 이용한다

백색의 작은 돌과 돌쌓기로 조성한 남향의 햇볕 좋은 장소는 성충으로 활동하는 곤충의 일광욕 장소가 됩니다. 무당벌레나 은점표범나비 종류, 노랑나비 등으로 붐빕니다. 맑게 갠 겨울날 햇볕이 쪼이는 흰 벽에 무당벌레나 노린재가 모여 햇볕을 즐기고 있는 모습을 본 적이 없나요?

겨울 추위에 약한 덩굴장미도 햇볕이 쪼이는 남향 벽면에 내어두면 웬만한 추운 지방에서도 월동할 수 있습니다. 나무 밑에 미니어처 마가렛이나 비올라, 프린지드라벤다나 로즈마리 등 겨울을 중심으로 개화하는 꽃을 심어두면 곤충들에게 좋은 겨울나기 공간이 만들어집니다.

작은 새를 부르기 위해 남천을 심을 때는 처마 쪽에 심도록 하십시오. 개화기가 장마기에 해당하기 때문에 꽃에 비가 떨어지면 꽃가루가 없어지고 열매가 달리기 어렵기 때문입니다. 남천의 잎과 열매에는 항균 작용이 있어서 불과 20년 전에는 도시락이나 팥밥에 섞기도 했답니다.

이처럼 상록수와 낙엽수, 기타 소도구를 이용하면 좁은 면적에서도 다양한 구성을 해볼 수 있습니다. 또 깎은 풀을 지면에 덮어 멀칭을 하거나, 대나무 가지의 작은가지를 어린 싹 위에 덮어서 서리를 막거나, 수변의 수분 증산에 의한 기온과 지온 저하를 잘 활용한다든지 여러 가지 다른 아이디어를 생각해보는 것도 좋습니다. 그리고 다양한 농업기술을 끌어들여 보는 것도 정원 만들기를 심화해 가는데 있어서 중요하다고 생각합니다. 여러분들도 흥미를 갖고 시도 해보세요.

<table>
<tr><td>

B<small>iotope</small> Garden
chapter 9

</td><td>

채취법 _ 야생 식물을 가져올 때 남겨진 환경에 줄 수 있는 피해를 최소화할 필요가 있습니다. 그렇지 않으면 비오톱 가든을 만드는 행위 자체가 가뜩이나 충분하지 않은 도시 주변의 자연을 파괴해버리는 일이 될 수 있기 때문입니다. 여기에서는 주로 야생식물의 종자를 모을 때 주의해야 할 점을 정리하였습니다. 나무 열매를 모을 때도 참고할 수 있지만 수목은 종자 발아 조건이 복잡한 것이 많기 때문에 삽목 등을 권장합니다.

</td></tr>
</table>

■ **종자를 모은다**

우리 주변의 야생초화류를 중심으로 전원풍의 비오톱 가든을 계획한 경우에는 근처에 남겨져 있는 환경으로부터 종자를 모으면 좋습니다. 물론 희귀종은 제외됩니다만, 꽃이 아름답고, 나비 등의 곤충을 불러들이기 쉬운 야생 종자를 많이 모아 봅시다.

씨참외의 종자

고마리나 보풀, 엉겅퀴나 쇠서나물, 쑥부쟁이처럼 얼핏 보기에는 눈에 띄지 않는 식물이라도 잘만 섞어 쓰고, 어느 밀도 이상으로 군락을 만들면 의외로 볼만한 풀숲이 만들어질 수 있습니다. 그런 볼만한 포인트를 어느 곳에 어느 정도 만들까 머릿속에 그려가며 종자를 모으는 것도 재미있는 경험이 될 것입니다. 또한 다년초 중에서 튼튼한 것을 그런 포인트에 심어놓으면 매년 피게 될 뿐만 아니라 해가 갈수록 아름다운 군락이 되기 때문에 관리하는 수고도 줄어듭니다. 모으는 양이 제법 많을 때는 열매에 달린 작은 가지나 이삭을 통째로 모은다든지, 휴대용 전기청소기로 모으는 것도 좋습니다. 다만 대상이 되는 식물이 일년초인 경우에는 너무 많이 가져가면 그 다음해에 확실히 나쁜 영향이 나타나므로 주의해야 합니다. 남겨진 환경에서 살아가야하는 식물들에게 충격을 주지 않는 것이 중요합니다. 채취는 맑게 갠 날에 해야 곰팡이가 생길 가능성이 적습니다. 모아진 종자는 보관하기 전에 통풍이 잘되는 곳에 건조시켜 두십시오.

■ **자연에 피해를 주지 않는다**

아래 쪽에 주변에 남겨진 자연에 최대한 피해를 주지 않도록 필요한 식물 종자를 모을 때의 주의사항을 정리하였습니다. 이런 일을 할 때는 역시 미리 현지조사를 하여 어디에서 무엇이 얼마만큼 생육하고 있는가를 파악한 다음에 대략적인 계획을 세울 필요가 있습니다. 임기응변도 물론 필요하긴 하지만 발길 닿는 데로 찾아가는 식이 되면 곤란합니다. 주의사항 중에서 특히 까다로운 점을 조금 더 설명하도록 하겠습니다. 유전학적인 조사에서 어느 지역에 사는 종이 갖고 있는 유전적인 다양성을 조사한 경우 채취법의 차이에 의해 편차가 생기지 않도록 세심한 주의가 필요합니다. 이것은 비오톱에서 그 지방에 남아있는 종의 특징을 확실하게 보존하고자 하는 데에도 대단히 중요한 점입니다.

참고로 본격적인 조사의 예를 들어봅시다. 캘리포니아의 야생 앰바크를 조사한 알라드는 한 지구별로 다섯 개체군, 한 개체군별로 2백개체, 1개체별로 10개의 종자를 채집 대상으로 하였습니다. 실제로 이러한 수는 대상 식물과 탐사조사의 목적에 따라 달라집니다. 대상 식물이 미조사된 경우에는 넓은 지대를 대략 조사하고, 몇 회 조사 이후에 지대나 지구를 좁혀서 조사 지점을 촘촘하게 하는 것이 원칙입니다. 한 지구에서 조사대상으로 해야 할 개체군수, 한 개체군별 개체수, 개체당 채취해야 할 종자수도 문제입니다. 유전자원의 확보가 목적이라면 위에서의 예보다 훨씬 더 많이 채취할 필요가 생깁니다. 다만 야생종 중에서 개체수가 적은 종은 당연히 채취에 의해 멸종이 가속화되지 않도록 하는 배려가 필요합니다.

> **식물 종자를 모을 때의 주의사항**
> · 사전에 땅 주인의 허가를 얻을 것
> · 몇 개의 포기로부터 조금씩 모을 것
> · 희귀종은 피할 것
> · 채취지에 많이 보이며 넓게 분포하는 것을 채취할 것
> · 아름다운 꽃과 열매가 달리며 나비나 새를 부르기 쉬운 것을 많이 모을 것
> · 다년초로서 튼튼한 것
> · 열매가 달리는 시즌을 놓치지 말 것
> · 사전에 알 수 있다면 발아조건이 약간 복잡한 것은 피할 것

■ 많은 개체로부터 조금씩 모은다

실제로 작은 비오톱을 만드는 경우에 너무 많이 가져오는 것은 남겨져있는 환경에 영향이 지나치게 커질 수 있어서 오히려 넌센스가 되어버리기도 합니다. 그렇다고 해서 한 그루로부터 가져온 종자만을 쓰는 것도 확실히 편향이 발생하게 됩니다. 포인트는 되도록 목적한 식물이 남아있는 지역의 이곳 저곳에서 골고루 채취하고, 몇 개의 개체로부터 조금씩 채취하는 것입니다.

■ 열매가 달리는 시즌은 놓치지 않는다

종자 채취 시기는 실제로는 지방별로 또는 해에 따라 다르기 때문에 실제로 현지에서 조사한 다음에 채집하는 것이 확실하지만, 일반적인 주기를 소개해 보도록 하겠습니다. 매일 대충대충 모으는 방법은 다음 3가지의 그룹으로 크게 나눌 수 있습니다. 우선 봄에 피는 식물은 5~6월이 결실기이며 장마철에는 시들기 시작합니다. 말하자면 이른바 보리 가을에 해당되는 셈입니다. 다음은 여름에 피어 7~9월경에 결실하는 종류들과, 마지막이 가을에 피어서 9월부터 11월경이 결실기에 해당되는 것들입니다. 그 외의 종자 보존 등 여러 가지 주의사항에 관해서는 〈마을의 자연을 만든다〉(중앙법규출판사 발행, 1995년) 책에 상세하게 기술되어 있으니 참고해 주십시오.

■ 습지의 흙을 이용하는 경우

인공 저습지의 식생을 복원하는 방법으로 휴경논의 흙에 덮어져 있는 종자를 흙 그대로 이용하는 방법이 있습니다. 다만 이탄층이 발달한 습원으로부터 흙을 가져오는 것은 피해야 합니다. 이탄층은 일 년에 약 1mm 밖에 발달하지 않기 때문에 한번 표토가 소실되면 회복하지 못하기 때문입니다.

종자를 포함하고 있는 흙을 토양 종자은행(seed bank)이라고 부를 정도로 그 보존능력은 환경조건에 따라 다르기는 하지만 무시할 수 없습니다. 토양 시드뱅크는 자연회복력을 살려서 그 장소 특유 종의 유전 특성을 가진 채 식생을 복원할 수 있습니다. 경우에 따라서는 멸종한 종을 복원할 가능성도 있기 때문에 식생복원 방법으로도 기대되고 있습니다. 수질오염이 지독했던 것으로 유명한 데가누마(手賀沼)[22] 호수에서 예전부터 자생해온 좁은잎말이라는 수초가 11년간 흙 속에서 잠자고 있던 종자로부터 재생한 예도 있습니다.

■ 시도해 봅시다

흙의 채취는 가을부터 봄 사이를 권합니다. 지상을 덮고 있던 풀이 마르고 작업하기 쉬울 뿐만 아니라 현재 습지를 덮고 있는 식물의 영향도 적기 때문입니다. 경작 폐기된 논에 형성된 낮은 키의 고마리 군락 등으로부터 표면식물을 제외하고 깊이 20cm까지 흙을 채취합니다. 가져온 흙을 묘판에 두께 3cm 정도까지 바른 후 수위는 5cm 관수한 구와 관수하지 않은(습윤) 구의 두 가지를 설치합니다. 발아까지의 관리는, 필요할 경우 주변으로부터 종자가 날아오는 것을 막기 위해 백색 한냉사를 덮고 토양이 건조하지 않도록 적절히 관수하는 것뿐입니다. 수위 차이를 두는 것은 관수 조건이 아니면 발아하는 종자가 있기 때문입니다. 귀찮다면 물을 채우는 넓적한 접시에 묘상을 비스듬하게 잠기게 두는 것만으로도 좋습니다. 여러 가지 수분 조건이 한 번에 확보될 수 있습니다.

휴경 후 20년 이상 경과한 얕은 뿌리의 초원(고마리군락 등)으로부터 식생복원을 한 연구사례에서는 5cm 관수구에서 28종, 관수하지 않은 구에서 41종, 합해서 45종이 확보되기도 하였습니다.

---

22) 지바현 가시와시(柏市)와 아비코(我孫子市)에 걸쳐있는 호수로서 주변도시화로 생활하수가 흘러들면서 1974년부터 2001년까지 27년간 연속으로 일본에서 수질이 가장 나쁜 호수로 기록되기도 하였다. 호수수질보전특별조치법 지정호수이다.

옮긴이의 글

누구나 손쉽게 할 수 있는 정원 가꾸기와 관련된 내용에 "비오톱" 이라는 생태학적 용어를 붙임으로써 뭔가 그럴 듯하게 정원 가꾸기를 포장하고 있는 것은 아닌가 하는 오해를 피하기 위해, 이 책과 관련 있는 분야의 전문가나 전공 학생들에게는 익숙한 용어지만 아직 일반인들에게는 생소한 개념인 비오톱의 의미를 우선 간단하게나마 짚어보기로 한다.

비오톱(Biotope, Biotop)은 생명을 의미하는 '비오(Bio)' 와 장소를 나타내는 그리스어 '톱(tope, top)' 을 조합하여 독일에서 만들어진 말이다. "야생 생물이 숨을 수 있는 곳", "서식 공간" 이라는 의미에서 영어의 해비터트(habitat)와 같이 사용된다. 최근에는 생물이 모여 사는 서식장소를 만들어주기 위해 의도적으로 조성한 공원과 녹지도 비오톱으로 부르는 일이 많아지면서 비오톱을 조성하는 일이 친환경계획의 중요한 수단으로 (실은 극히 일부를 차지하지만) 여겨진다.

위와 같은 비오톱의 개념이나 그 조성방법에 대해서는 생태공학이나 조경, 친환경 건축, 주거단지계획 분야의 전문 서적 속에서 다루어지고 있고, 또 비오톱의 개념이나 조성기술을 중점적으로 다루는 책들도 비교적 나와 있는 편이지만, 일반인들이 쉽게 접할 수 있는 책은 거의 없다고 할 수 있다. 그 나름대로 생물환경을 인공적으로 조성한다고 하는 것이 작은 면적의 정원 가꾸기처럼 간단하게 이루어질 수 있는 것도 아니며, 눈으로 보기에 자연스럽다고 해서 생태라는 말을 함부로 가져다 쓸 수 없다는 배경도 있을 것이다. 그런데 그렇게 엄격하게 말한다면 일반인이 정원에서 생태적인 공간을 갖는다는 것은 정원 자체가 제한된 인공적 공간인데다 인간이 즐기고 관리하는 곳이기 때문에 본질적으로는 불가능하다고 할 수 있다. 인간이 즐기기 위한 자연과 생물을 위한 자연을 완전히 분리해서 생각한다면 생물과 인간의 공존을 추구해야 하는 도시환경 속에서 작은 녹지나 정원들은 모두 의미가 없어지게 된다. 하지만 정원에는 환경적 의미만이 아니라 문화예술적인 측면도 지나칠 수 없을 것이다.

이 책에서는 그런 점에서 비오톱과 비오톱 가든을 구별하고 있다. 생활공간으로서 사람이 접근할 수 있고 관리가 어느 정도 이루어지면서 작은 생물에게도 일시적이기는 하지만 서식지를 제공하고 먹이를 제공할 수 있는 공간으로서의 비오톱 가든을 말하고 있는 것이다.

일본의 경우 최근 가드닝에 대한 일반인의 관심이 매우 높아져, 전통적인 조원 양식을 벗어난 서양적인 정원이나 친자연적인 정원에 대한 취향이 증대하고 있다. 이 책은 다분히 그러한 사회적 수요를 의식하고 쓴 책이기는 하지만 보고 즐기는 정원에 그치는 것이 아니라 생물과 정원과의 관련성을 지속적으로 추구하고 있다는 점에서 흥미롭다. 일본의 환경을 기준으로 하고 있기 때문에 우리와는 기후나 생물환경이 분명히 다르고, 사용되는 식물과 곤충, 조류 분포도 다르지만 그러한 차이를 일일이 생물 종류 하나하나에 대해 검증하는 것은 다소 벅차, 중요한 사항은 가능한 한 주를 달아 비교될 수 있도록 하였다.

생태학적 사고의 확대나 친자연적 환경 조성에 도움이 되는 생태학이나 조경분야의 전문서적을 일반인들이 읽어주었으면 하고 바라는 것은 과욕인지 모른다. 그렇지만, 이 책은 일반인에게는 정원 가꾸기의 관점을 넓히면서도 생물과의 관계를 통해 생태적 사고를 갖게 하고, 전문가에게는 소규모의 비오톱 공간 조성 기술을 쉽게 접할 수 있다는 점에서 유익하리라고 기대된다.

2007년 4월

조동범 · 조동길

찾아보기

내 손으로 만드는 비오톱 가든
- 작은 새와 곤충을 부르는 자연친화적인 정원 만들기

초판 1쇄 펴낸날 2007년 4월 16일

지은이 이즈미 켄지
옮긴이 조동범, 조동길
펴낸이 오휘영
펴낸곳 도서출판 조경
등록일 1987년 11월 27일 | 신고번호 제406-2006-00005호
주소 경기도 파주시 교하읍 문발리 파주출판도시 529-5
전화 031.955.4966~8 | 팩스 031.955.4969 | 전자우편 klam@chol.com
편집 남기준 | 디자인 김사라, 이금신 | 표지디자인 박선아
필름출력 우성C&P | 인쇄 우성프린팅

ISBN 978-89-85507-45-5 03520

* 파본은 교환하여 드립니다.
* 이 도서의 번역연구는 2006년도 교육인적자원부 재원에 의한
  한국학술진흥재단의 지원으로 수행되었습니다.
  (지방연구중심대학육성사업/바이오하우징연구사업단)

정가 12,000원